地図表現ガイドブック

主題図作成の原理と応用

浮田典良・森 三紀【著】
UKITA Tsuneyoshi, MORI Mitsutoshi

ナカニシヤ出版

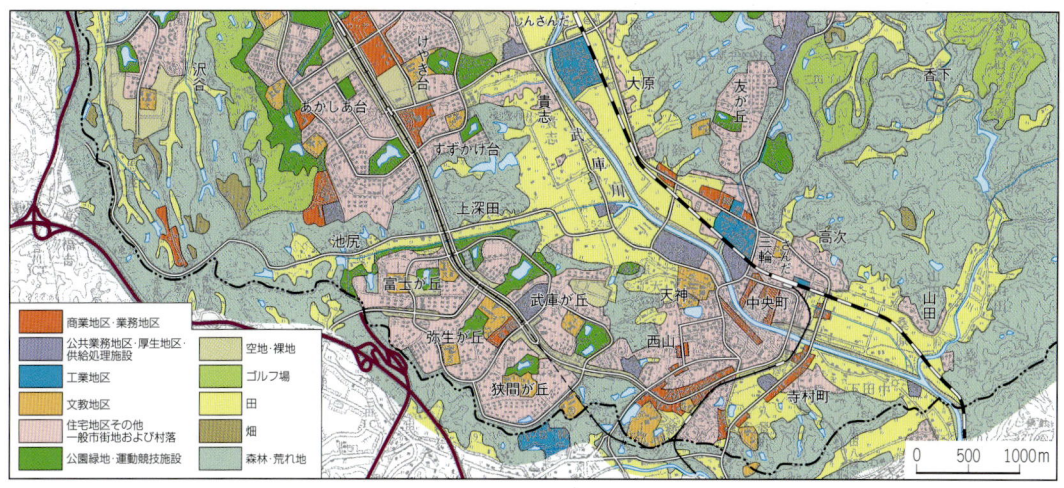

口絵1　名目尺度の面データを多色・単色・二色で表現した地図〔三田市南部の土地利用〕
（三田市史第10巻の浮田典良の原図により作図）
　名目尺度の面データ図は，慣用例やイメージを念頭において，色や模様を決める。
（本文48，84，98頁を参照）

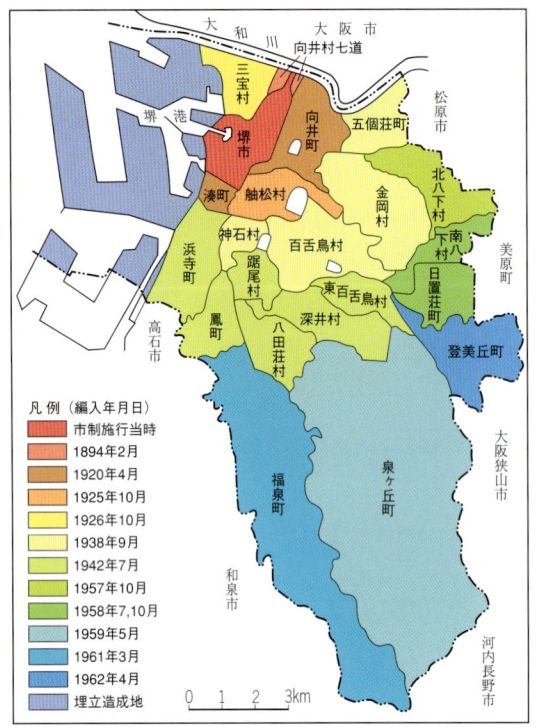
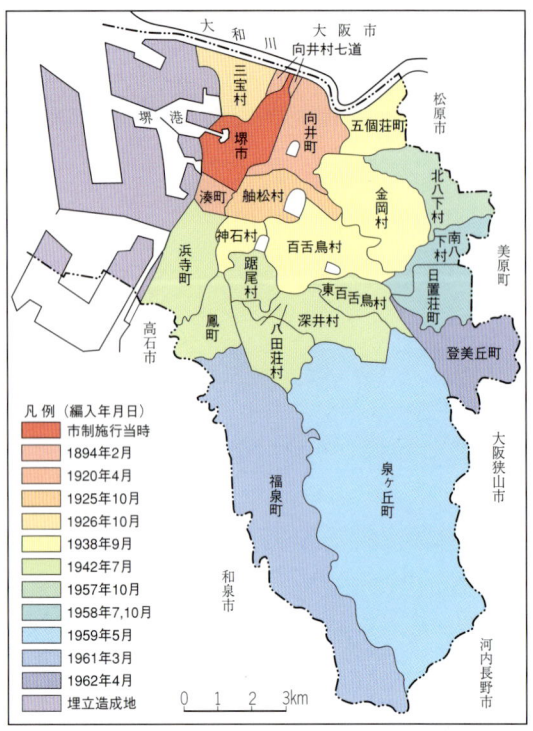
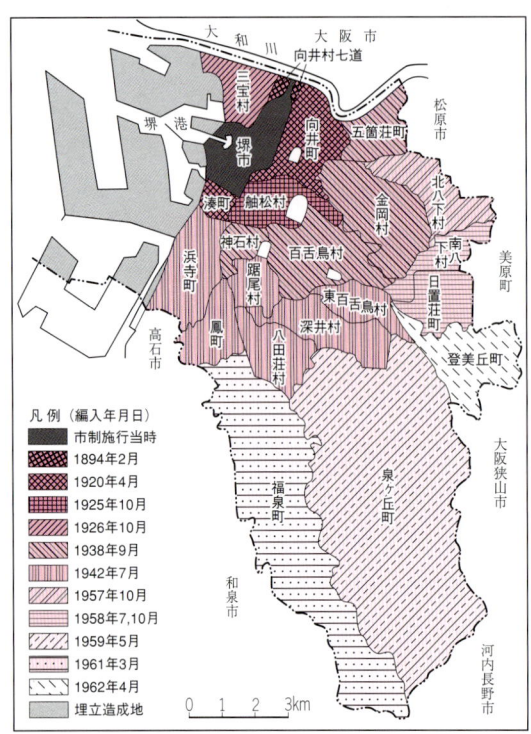
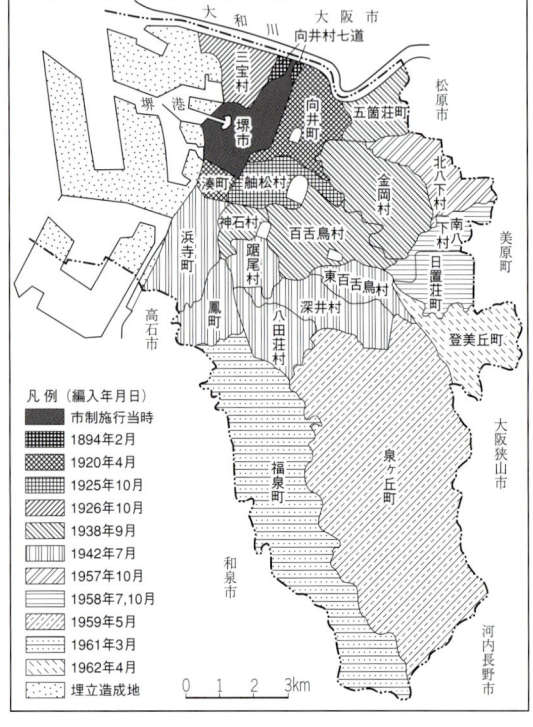

口絵2　順序尺度の面データを多色・二色・単色で表現した地図〔堺市の市域拡張〕
　太陽のスペクトル順に色を配置した多色の2例，濃度順の階調模様を用いた
　二色，単色の表現例を示した。（本文49,86,98頁を参照）

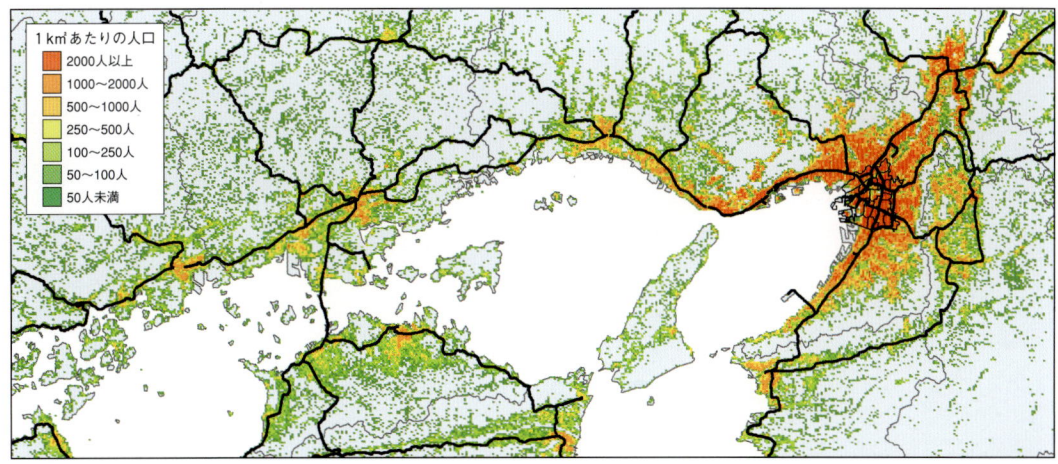

1 人口密度

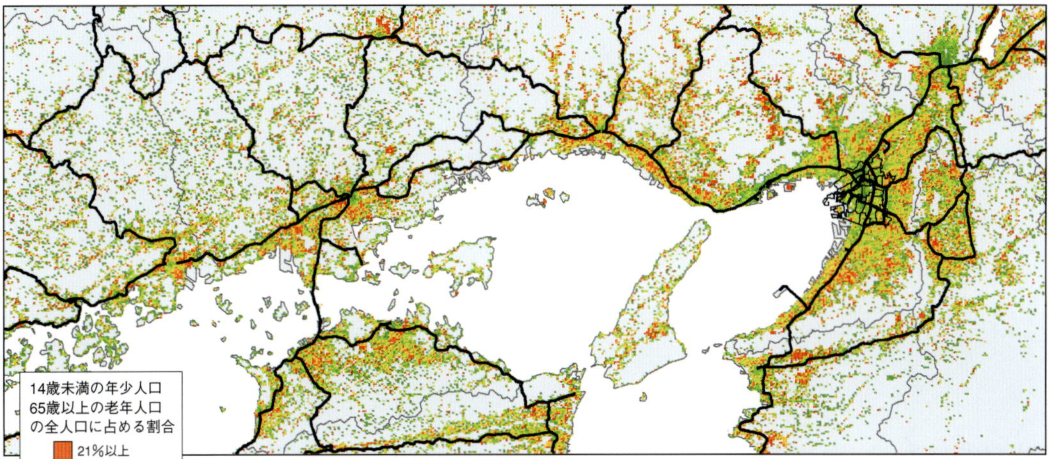

2 年少人口比率

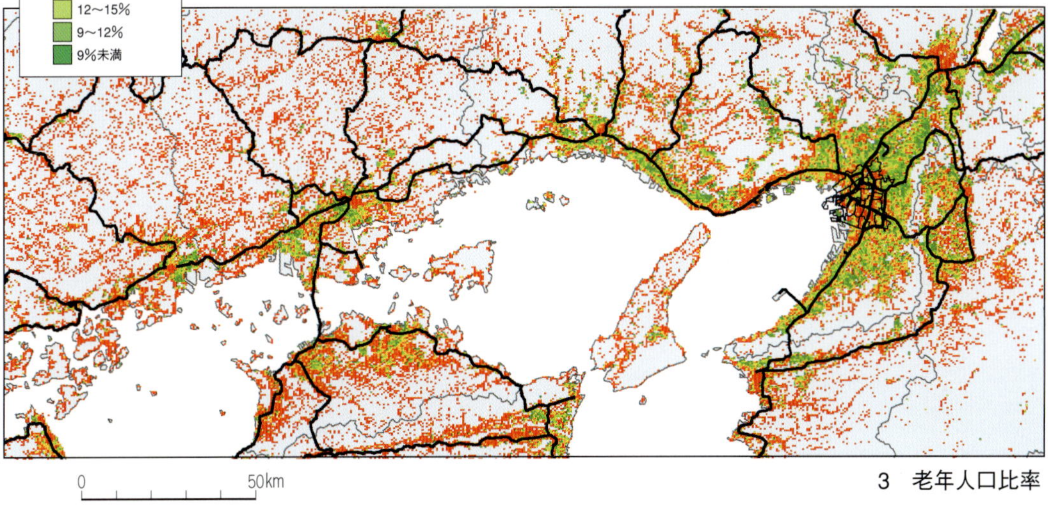

3 老年人口比率

口絵3　平成12年国勢調査地域メッシュ統計（500ｍメッシュ）によるメッシュ図（矢野桂司作図）
　　　付記：国勢調査地域メッシュ統計に関しては，立命館大学文学部地理学教室の所有するデータを利用した。

　国土数値情報を使って，さまざまな主題図を描くことができる。基準となる地域メッシュに，独自のデータをあてはめて製図したり，他のデータとの相互関連を調べることができる。図中の黒い太線はＪＲ線である。http://www.ritsumei.ac.jp/kic/~yano　では，同じメッシュ統計を使ったさまざまなデジタル社会地図を見ることができる。　（本文95頁を参照）

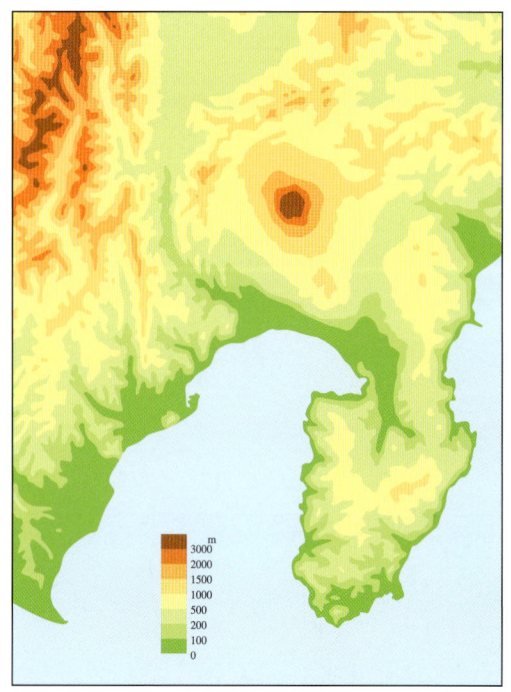

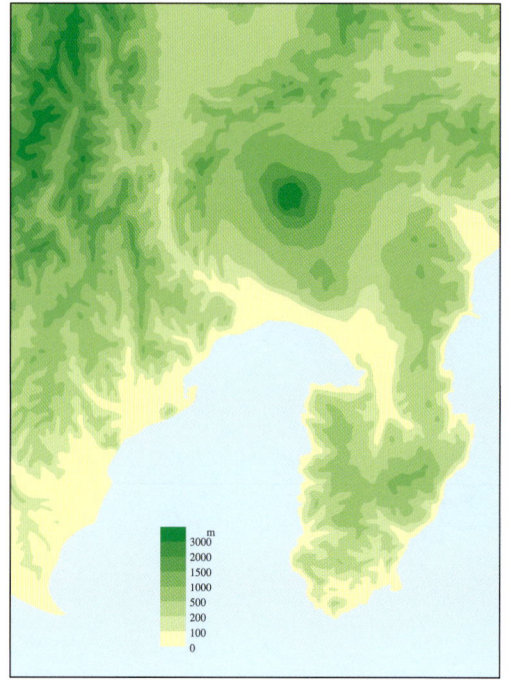

口絵4　高度段彩の例

　高度段彩は上図のように緑からはじまって淡茶へ，さらに濃茶へと変化させるのが普通である。これは進出色・後退色を利用したもので，それなりの合理性がある。しかし，色覚障害者にとっては判読しにくく，むしろ，同系色の濃淡を使った下図の方がわかりやすい。（本文95，97頁を参照）

口絵5　Illustrator CS2でカラー段彩地図を描く手順（第11章　デジタルマッピングを参照）

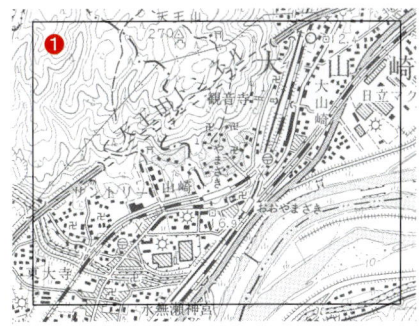

❶ 製図は下図(したず)の取り込みから。
製図以前の準備として【ファイル】→【配置】で画像として下図をとりこむ。レイヤーに「下図」と記入し，オプションを選択。「プリント」のチェックをはずし，「配置画像の表示濃度」を50％に設定する。レイヤー「下図」はロックしておく。
（下図の画像を出すと煩雑になるので❷以下では下図画像を省略する）

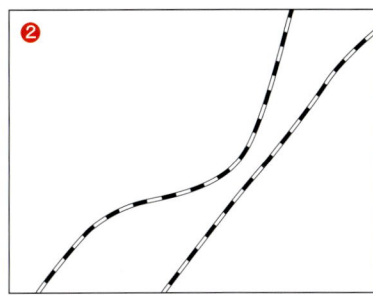

❷ 新規レイヤーに「図枠」と記入。長方形ツールで図枠を引く。
3番目のレイヤーをおこし「鉄道」と記入。ペンツールでJRの線を引いて，「塗り」なし，「線」をK(黒)100％に設定。線の太さを0.7mmとする。描いた線を選択して【編集】→【コピー】さらに【編集】→【前面にペースト】する。前面にペーストした線を「白」に指定，太さを0.45mmとし，次に線種パレットの破線の□にチェックをいれ，線分2mm，間隔2mmに設定。これでJR線の描画が完成した。この段階でのレイヤーは，上から①図枠　②鉄道　③下図となっている。

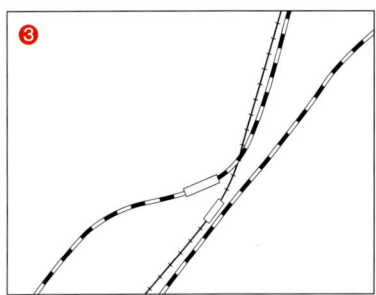

❸ 次に枕木風の線記号を描く。レイヤーは「鉄道」のままでよい。描いた線をK100％，0.2mmに設定。これを選択して【編集】→【コピー】さらに【編集】→【前面にペースト】する。前面にペーストした線はK100％，太さを0.7mmとし，線種パレットの破線の□をチェックして，線分0.1mm，間隔2mmに設定。
4番目のレイヤーをおこし，「駅」と記入する。長方形ツールで駅を描き，回転ツールを使って向きを変えて移動。「塗り」は白，「線」はK100％（0.1mm）。
この段階でのレイヤーは上から①図枠　②駅　③鉄道　④下図となっている。

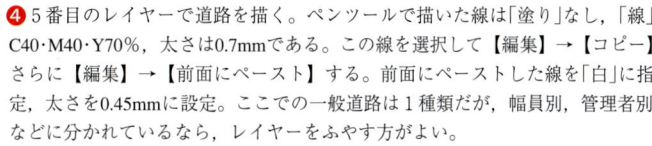

❹ 5番目のレイヤーで道路を描く。ペンツールで描いた線は「塗り」なし，「線」C40・M40・Y70％，太さは0.7mmである。この線を選択して【編集】→【コピー】さらに【編集】→【前面にペースト】する。前面にペーストした線を「白」に指定，太さを0.45mmに設定。ここでの一般道路は1種類だが，幅員別，管理者別などに分かれているなら，レイヤーをふやす方がよい。
高速道路は6番目のレイヤーで描く。ペンツールで描いた線は「塗り」なし，「線」C40・M40・Y70％，太さは0.9mmである。この線を選択して【編集】→【コピー】，さらに【編集】→【前面にペースト】する。前面にペーストした線を「白」に指定，太さを0.6mmに設定。さらにこの線を【編集】→【コピー】→【前面にペースト】し，線の種類を端丸に変え，線種パレットの破線の□をチェックして，線分0mm，間隔2mmに設定すると高速道路特有の点線が上にのる。
トンネルの出入口は楕円ツールで描いた楕円を，はさみツールで半分に切断し，ダイレクト選択ツールで移動し，回転させて向きを変える。トンネルの破線はK100％，0.1mmの破線（線分1.5mm間隔0.3mm）を2本平行に置いている。
この段階でのレイヤーは上から①図枠　②高速道路　③駅　④鉄道　⑤道路　⑥下図となっている。

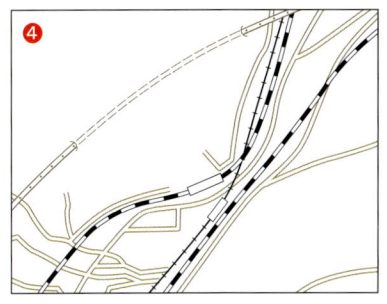

❺ 7番目のレイヤーを「水系」とする。ペンツールで描いた単線の水路は「塗り」なし，「線」C100・M20％，太さ0.18mm。水路なので角張らないよう，線端と角の形状は丸。水面をもつ河川の河岸線は「線」C100・M20％，太さ0.12mmとしておく。図枠と重なる個所は河岸線の青が隠れるよう，慎重に描く。線が一巡して閉じたら，面の「塗り」をC20％に指定。
この段階でのレイヤーは上から①図枠　②高速道路　③駅　④鉄道　⑤道路　⑥水系　⑦下図となっている。水系を描くときには，別のレイヤー「水系マスク」をつくることも多い。河岸線を選んで，altキーを押しながら「水系」レイヤーから「水系マスク」レイヤーへドラッグすると河岸線がコピーされる。そこで「線」なし，「塗り」C20％に指定する。

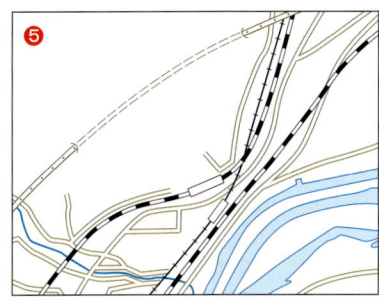

❻ 8番目のレイヤーで府県界と市郡界を描く。ペンツールで描いた府県界は「塗り」なし,「線」K100％,太さ0.3mm。線種パレットの破線をチェックして,線分2mm,間隔0.6mm,線分0.1mm,間隔0.6mm,線分0.1mm,間隔0.6mmに設定し,2点鎖線をつくる。市界は「塗り」なし,「線」K100％,太さ0.25mm。線種パレットの破線をチェックして,線分1.8mm,間隔0.6mm,線分0.1mm,間隔0.6mmに設定し,1点鎖線をつくる。レイヤーは道路の上。
この段階でのレイヤーは上から①図枠　②高速道路　③駅　④鉄道　⑤境界線　⑥道路　⑦水系　⑧下図となっている。

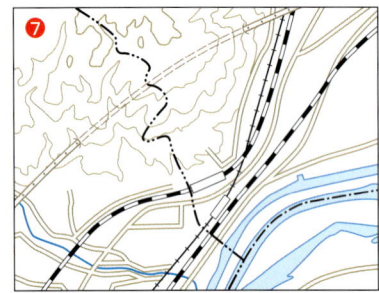

❼ 9番目のレイヤーは等高線。ペンツールで250mの計曲線を0.18mm,それ以外の主曲線を0.12mmで描く。「塗り」なし,「線」C30・M30・Y60％。
この段階でのレイヤーは上から①図枠　②高速道路　③駅　④鉄道　⑤境界線　⑥道路　⑦水系　⑧等高線　⑨下図となっている。

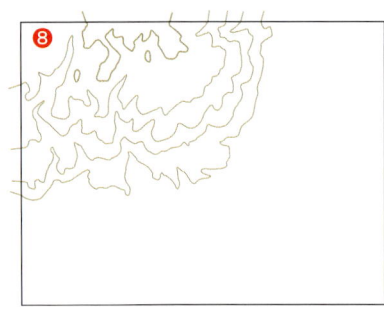

❽ いよいよ段彩にとりかかる。まず,①図枠 ⑨等高線 以外のレイヤーをロックし,非表示にする。等高線のレイヤーをコピーする。「等高線のコピー」というレイヤーが新たにできる。新しいこのレイヤーに,図枠もコピーする。この時点で①図枠 ⑨等高線 のレイヤーもロック・非表示に。「等高線のコピー」レイヤーは「段彩」と名前を変えておく。ここで,それぞれの等高線を図枠の外まで延長する。（その際,「段彩」レイヤーの中の図枠を Ctrl +2 でロックしておくと作業がしやすい。）
この段階でのレイヤーは上から①図枠　②高速道路　③駅　④鉄道　⑤境界線　⑥道路　⑦水系　⑧等高線　⑨段彩　⑩下図となっている。

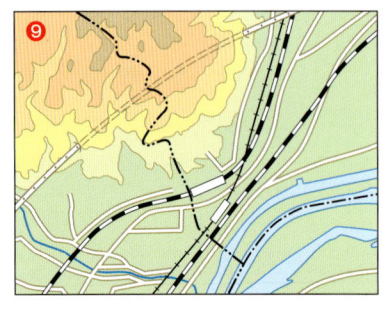

❾ 段彩の色を設定する。ロック解除した図枠と等高線のすべてを選び,【パスファインダパレット】の【分割】をクリック。これで図枠の中は,6つのポリゴン（面）に分けられる。最後に「段彩」レイヤーの図枠・等高線をすべて「線なし」に設定する。ついで「塗り」の設定を行う。ダイレクト選択ツールでそれぞれの面を選択し「塗り」の色を決める。標高の高い方(250m以上)から順に,C10・M20・Y40,M20・Y40,M10・Y40,Y45,C5・Y30,C15・Y30 とする。
レイヤーの構成は変わらない。

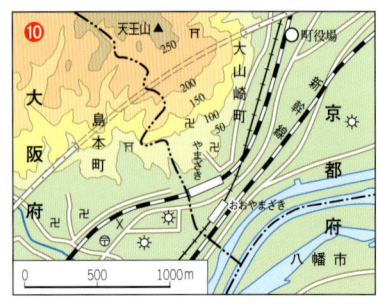

❿ 最後に地図記号と注記文字,縮尺を入れて完成。たいていの注記は水平か垂直に配置するが,鉄道や道路,等高線などの注記文字は線記号に沿わせることが多い。縮尺は厳密に数値を入れて作ることが必要であろう。起点となる0の短線を【オブジェクト】→【変形】→【移動】でダイアログを開き,移動すべき数値を記入したあと,【コピー】をクリックする。縮尺の部分には白のマスクをかけて,下の図を隠す。
最終的なレイヤーは上から①図枠　②縮尺　③縮尺マスク　④記号　⑤文字　⑥駅　⑦鉄道　⑧境界線　⑨道路　⑩水系　⑪等高線　⑫段彩　⑬下図となっている。地図が完成した段階で,⑬下図のレイヤーを削除する。

まえがき

　本書は，我々が1988年7月に公刊した『地図表現入門——主題図作成の原理と実際——』（大明堂発行）を抜本的に改訂し，多くの内容を加えて，新しい刊行物としてまとめなおしたものである。

　日本でこれまで，地図について書かれた本は少なくないが，地図を5万分の1や2万5千分の1地形図のような一般図と，自然・人口・経済・産業・交通・文化などの何らかの主題（テーマ）をもった主題図とに分けた場合，どちらかといえば，一般図を扱った本の方が多く，また，地図を作る側（描く側）と使う側（読む側）とに分けた場合，どちらかといえば，使う側（読む側）のための本が多かったように思う。5万分の1地形図の利用法（読み方）を解説したような本がその代表例である。

　それに対して，我々の上記の旧著は，どちらかといえば主題図を対象とし，そしてそれを作る側（描く側）から解説しようと試みたものであった。例えば地理学その他の著書・論文や報告書などに何らかの地図を掲げようと考える多くの人々にとって，格好の手引き書として参照され，版を重ねてきた。学生諸君が卒業論文を書こうとする際にも，多くの面で利用されてきたようである。

　ところがここ十数年の間に，地図を描く手法は飛躍的な進歩を遂げ，製図作業のデジタル化が進んだ。学生諸君が論文に添える地図を描く場合にも，かつてのように丸ペンやパイプペンで手描きするのではなく，パソコン，スキャナやさまざまの描画ソフトを利用して描く場合が多くなっている。そこで旧著は全面的な改訂が必要となった。

　また，今から十数年前まで，中学校や高等学校の地理教科書は多くの頁が一色刷りで，限られた数の頁だけ赤か青を加えた二色刷りという体裁だったのが，今ではしだいに全頁が多色刷りに変わりつつある。一般の刊行物でもカラーを用いた地図の掲げられる頻度がしだいに高まっている。急速に普及したコンピューターの世界はフルカラーが原則である。

　そこで本書では，地図を作る場合のこうした新しい動きに対応して，その基本的な事項を新たに盛り込むように努めた。

　その一つが地図の彩色についての章を設けたことである。色の成り立ちの基本から色の三属性，色のイメージについて説き，地図彩色の法則についても述べた。二色刷りのケースについても頁をさき，不十分ながら色覚障害者にもわかる地図表現にも言及した。

　もう一つは，描画ソフトとして最も一般的なIllustratorによる地図製図の章を設けたこと

である。デジタルマッピング digital mapping というとき，その概念は非常に広い。その広い概念をカバーするのが GIS（Geographical Information System）であるが，すでにすぐれた解説書もあり，本書では別のデジタル製図の方法として，ドローイングソフトの Illustrator をとりあげた。Illustrator の解説書は非常に多いが，地図について言及したものは意外に少ない。そこで本書では，地図の製図に限定し，その流れに沿った解説を行なった。

ただ，製図のデジタル化が進んでも，手書き時代の製図作業の伝統的な心得は，今なおその価値を失ってはいない。いくつかの地図記号を備え，比較的簡単な操作で地図を描けるソフトもあるが，地図製図の基本を知るのに，手描き地図に勝るものはない。そのような意味もこめて，明治時代からはじまった，近代地図の製図の歴史を巻末で簡略にまとめておいた。

パイプペンとトレーシングペーパーによる製図は今後も続くであろうが，今では丸ペン・烏口をめったに見かけることはなく，手にする機会もない。ネガで原版を彫るという画期的な製図方法のスクライブ法も，半世紀足らずでデジタル製図にとってかわられた。20年前にあれほど隆盛を誇った写真植字も，今では一切目にすることがない。放っておけば，すべては消え去るのみである。デジタル化以前の製図の姿を伝えておくことも無用ではないだろう。

より正確を期して用語に変更を加えた部分はあるが，新しく加えた上記の三つの章を除けば，本書の構成は前著とあまり変わっていない。一般図と主題図の区分から説き，地図データを定性的・定量的に分け，データの尺度を再編成したうえで地図記号と結びつけ，視覚変数とその意味を補充して，地図を12のタイプに分けるという手順は同じである。

主題図は種類に応じて，それぞれ地図記号の適用方法が異なっている。言語になぞらえていえば，地図記号の活用形が違うといってよい。本書の後半で，この点の解説に意を注いだことも前著と同じである。

なお，挿入した図版のタイトルについてであるが，図番号のすぐあとに記したのは，地図表現を考える上でのその図の意味に関するものであり，そのあとの〔　〕内にその地図の具体的な内容を記した。また（○○○○による）とあるのは，その文献にある図をそのまま引用した場合であり，（○○○○の原図により作図）としたのは，その原図をもとにして森図房で本書のために作図したものであることを示す。（○○○○による）とした図についても，外国文献から直接引用した図を除けば，原図を森図房で作成したものが多い。中には原図の全体ではなく，その一部をもとに作図したものもある。本書では，地図の内容そのものではなく，あくまで地図表現の具体的な方法を伝えることに主眼をおいているからである。

近年地図は，ますます身近なものになっている。カーナビゲーションはもとより，イン

ターネットでは，クリック一つで縮尺を変えながら，全国の地図を見ることができる。3D（立体）表現の地図もまもなく全盛期を迎えよう。今はまだ一般図あるいは一般図的性格の強い道路地図などであるが，そのうちに，数多くの主題図が提供されるようになるだろう。印刷の技術も急速に進んで，工程は大幅に短縮された。カラー印刷も以前に比べれば安価になっている。インターネットなどで提供される地図の刺激を受けて，逆に印刷物としての地図も，価値が見直されつつある。どのような媒体であれ，地図がさらに親しまれ，その作成に本書が役立つことを願っている。

2004年3月

浮田典良・森　三紀

*　　　*　　　*

再版にあたって

　この本を上梓してから半年後，2005年1月12日に浮田典良先生御逝去の報を受けた。本書の出版後，先生は『地図表現半世紀』を執筆され，校正も終えられて，あとは刊行を待つばかりという時期であった。御遺稿はこの本と同じナカニシヤ出版から，2005年3月1日に公刊された。

　『地図表現ガイドブック』が基礎編とすれば，『地図表現半世紀』は応用編である。前者が製図の基本を伝えるために，比較的単純な地図を使っているのに比して，後者は実地の地図データに基づいた具体的な地図つくりがわかる仕組みになっている。「地図に表現すること自体が地理の学習や研究調査の重要なプロセスである」と，先生が常々口にされていた，このお考えを実証する名著である。両書を併読していただいたら，地図表現の世界がますます広がり，豊かになることは間違いない。

　自叙伝は必ずしも文章によるものばかりではない。その意味では，地図に託して浮田先生が自らを語った貴重な本が『地図表現半世紀』であるともいえる。これからも先生の足跡をたずねようとする学徒は絶えることがないであろう。そうした人たちにとっても，この本は欠かすことのできない1冊になるはずである。

　さて本書であるが，再版では第3章第4節で，記号の視覚変数にスペクトルという変数を加えた。従来「色相環の中でスペクトルの部分を使う」などと記してきたものを，より簡

略に伝えるためである。懇切丁寧に，しかし簡明に，というのが浮田先生の地図つくり，本つくりであった。先生もお許し下さると思う。他は文字通り字句の修正や補遺にとどめた。

この2年間，各地で市町村合併が進み，その結果，図版のタイトルが現在の市町村名と一致しないケースが出てきた（**図44**など）。また，市域が拡大した結果，地図にあらわされた市域と合致しないケースも出てきた（**図48**など）。本来ならば，現市町村名を書き添え，あるいは地図を描き直すのが望ましいであろうが，他の文献から引用させていただいた地図も多く，今回は旧市町村名，旧市町村界のままにしておく。読者の御寛恕をお願いしたい。

末尾になったが，初版の際からナカニシヤ出版の中西健夫社長と担当の吉田千恵氏にはいろいろとお世話になった。記して感謝する次第である。

浮田典良先生と共同で署名できないのは，本当に悲しく，また寂しい。御冥福を祈るばかりである。

2006年7月

森　三紀

目　次

まえがき　*i*

再版にあたって　*iii*

図版一覧　*viii*

1　地図表現総説 ——————————————————— 3

  1　地図表現の重要性　3

  2　地図の分類　3

  3　一般図と主観図　4

  4　地図の「正確さ」と「美しさ」　5

  5　地図表現における〈辞書〉〈文法〉〈修辞〉　8

2　主題図総説 ——————————————————— 15

  1　主題図の歴史　15

  2　定性的地図と定量的地図　16

  3　点データ地図・線データ地図・面データ地図　16

    a）定性的点データ地図／b）定量的点データ地図／c）定性的線データ地図／d）定量的線データ地図／e）定性的面データ地図／f）定量的面データ地図

  4　主題図におけるデータの転換　18

    a）ドットマップ／b）等値線図

  5　主題図の縮尺　19

  6　主題図における表現の忠実度　19

    a）正形状図／b）正位置図／c）正範囲図／d）正範囲ですらない図

3　主題図におけるデータの記号化 ————————— 23

  1　地図記号の性格　23

  2　点記号・線記号・面記号　23

  3　データの尺度　24

  4　記号の視覚変数　26

  5　記号表現の自由と拘束　31

4　点記号の表現 ————————————————— 33

  1　名目尺度の点データの表現　33

  2　順序尺度の点データの表現　35

  3 比例尺度の点データの表現 36

5 線記号の表現 ———————————————— 41
  1 名目尺度の線データの表現 41
  2 順序尺度の線データの表現 42
  3 比例尺度の線データの表現 43

6 面記号の表現 ———————————————— 45
  1 模様とアミ 45
  2 名目尺度の面データの表現 48
  3 順序尺度の面データの表現 49
  4 比例尺度の面データの表現 52

7 データ転換のための表現 ———————————— 53
  1 ドット記号の表現 53
  2 等値線の表現 57
  3 メッシュ記号の表現 59

8 主題図の基図 ———————————————— 61
  1 基図の役割 61
  2 基図の表現 62
    a) 地形の表現／b) 交通路の表現／c) 集落の表現／d) 境界線の
    表現／e) 地名などの表現
  3 総描について 65

9 注記について ———————————————— 71
  1 注記とは 71
  2 注記に用いる文字 71
    a) 書体／b) 字大／c) 字形
  3 文字の配置 75
    a) 字隔／b) 字列／c) 字傾

10 色について ————————————————— 79
  1 色とは何か 79
  2 色の三属性 80
  3 色のイメージ 82
  4 地図の彩色 82
    a) 名目尺度の点記号図／b) 順序尺度の点記号図／c) 比例尺度
    の点記号図／d) 名目尺度の線記号図／e) 順序尺度の線記号図／
    f) 比例尺度の線記号図／g) 名目尺度の面記号図／h) 順序尺度の

　　　　面記号図／i) 比例尺度の面記号図／j) ドットマップ／k) 等値線図／l) メッシュマップ／m) その他
　5　色覚障害者への配慮について　　96
　6　二色で表現する地図　　97

11　デジタルマッピング ─────────────────── 99
　1　ハードとソフト　　100
　2　Illustrator CS2 による主題図製図の手順　　101
　　　　a) 製図の器具・道具箱……ツールボックス／b) 何層もの透明スクリーン……レイヤーパレット／c) 下図(したず)を取り込む／d) 下図(したず)を淡く表示する／e) ベースマップの埋め込み／f) ペンツールで「ベジエ曲線」を描く／g) 複雑な曲線に鉛筆ツール／h) 線の太さや種類を決める……線種パレット／i) 線や面に彩色する……カラーパレット／j) 道路や鉄道を描く／k) 面の作成……パスファインダパレット／l) 便利なスポイトツールと塗りつぶしツール／m) 注記を入れる……文字ツール／n) 点記号を作成する／o) 面記号(模様)を作って，スウォッチパレットに登録する／p) グラフを作成する／q) ショートカットキー
　3　プリントと印刷の違い　　113

12　地図原図制作法の変遷 ─────────────────── 115
　1　銅板彫刻時代の地図原図　　115
　2　写真製版時代の地図原図　　117
　　　　a) 製図の器具／b) 製図の用具／c) 製図の用材
　3　昭和30年代の変革　　121
　　　　a) スクライブ法の器具／b) スクライブ・写真植字の用具／c) 製図の用材／d) 下図つくり／e) トレースの順序／f)「模様」のいれかた／g) 注記の記入(レタリング lettering)
　4　デジタルマッピングと過去の遺産　　128

　参考文献　　133

図版一覧

口絵1	名目尺度の面データを多色・単色・二色で表現した地図		図24	順序尺度の点データの表現例　35
口絵2	順序尺度の面データを多色・二色・単色で表現した地図		図25	「大きさ（段階的）」「形」「階調模様」の複合表現　36
口絵3	平成12年国勢調査地域メッシュ統計（500mメッシュ）によるメッシュ図		図26	「大きさ（比例的）」による比例尺度の点データの表現例　36
口絵4	高度段彩の例		図27	2次元の定量表現2例　37
口絵5	Illustrator10でカラー段彩地図を描く手順		図28	比例尺度の点データ地図　38
			図29	点記号的に用いられるダイアグラムの例　39
図1	移転先を模式的に示した移転案内図の例　6		図30	いろいろな線記号　41
図2	同じ区域の2万5千分の1地形図　6		図31	線記号における線分と空隙の比率　42
図3	大正6年式と昭和40年式以降の2万5千分の1地形図図式における行政界の表現　7		図32	一般図における線記号の縮尺別変化（順序尺度との類似）　42
図4	主題図における行政界の表現2例　7		図33	順序尺度の線データ地図　43
図5	地図の〈辞書〉　9		図34	比例尺度の線データ地図　44
図6	主題図における記号表現の自由　9		図35	線データを点記号と矢印に変えて示した図例　44
図7	主題図における〈文法〉と〈修辞〉1　11		図36	等線法・等間隔法と列記法・乱記法　45
図8	主題図における〈文法〉と〈修辞〉2　13		図37	模様における「濃度」と「方向」　45
図9	狭義の定量相対図　16		図38	模様のいろいろ　46
図10	広義の定量相対図　16		図39	「アミ」の濃度（拡大）　46
図11	定性的線データ地図　17		図40	実際の「アミ」版濃度　46
図12	定量的線データ地図　17		図41	面記号の区画の大小による濃淡の見分け　46
図13	正形状図の例　20		図42	面記号のバウンダリー3例と点記号のバウンダリー2例　47
図14	正位置図の例　20		図43	土地利用図における慣用例　48
図15	正範囲図の例　21		図44	地形分類図における慣用例　48
図16	正範囲図ですらない図の例　21		図45	地質図における慣用例　49
図17	間隔尺度と比率尺度の図例　25		図46	順序尺度の面データ図　50
図18	データの種類別にみた記号の表現例（主題図）　28, 29		図47	三田市南西部の段丘面分布　51
図19	データの種類別にみた記号の表現例（一般図）　30		図48	ディシメトリック図(A)とコロプレス図(B)　51
図20	絵記号を使った図例　33		図49	比例尺度の面データ地図　52
図21	連想記号の例　34		図50	ドット記号の「大きさ」が不適切な例　54
図22	記号の集団化の例　34		図51	ドット記号の「個数」が不適切な例　54
図23	「方向」を「形」の代用とした例　35		図52	ドット記号の「大きさ」と「個数」が適

		切な例　54	図91	色で数量を表現した例　88
図53	ドットの位置の決め方2例　55		図92	色を用いた土地利用図　89
図54	ドットと定性的な面記号との併用例　55		図93	色を用いた地形分類図　89
図55	人口分布の表現法4例　56		図94	色を用いた地質図　89
図56	等値線図　57		図95	色を用いた植生図　89
図57	比例配分法による「内挿」　58		図96	色を用いた気候区分図　89
図58	「内挿法」により二つの等値線が想定されるケース　58		図97	名目尺度の面データ図の彩色例　90
		図98	順序尺度の面データ図の彩色例　91
図59	均一な分布と不均一な分布における幾何学的中心と重心　58		図99	メッシュ図1　90
		図100	メッシュ図2　91
図60	さまざまな統計地図の表現法と仮想3次元による図解　59		図101	光のスペクトルと色盲のシミュレーション　92
図61	メッシュデータによる起伏量図　59		図102	24の色相と明度の関係　92
図62	水部の表現5例　62		図103	色盲の人にも色盲でない人にも見やすい色のセット　92
図63	陰影線の原理　62		
図64	陰影線のみによる水部表現　62		図104	見やすい色のセットを用いた多色刷り地図　92
図65	地貌の表現5例　63		
図66	等高線による山地の表現　63		図105	名目尺度の二色刷り地図1　93
図67	アミのみによる山地表現　63		図106	名目尺度の二色刷り地図2　93
図68	アミによる道路の表現　64		図107	順序尺度の二色刷り面記号図1　93
図69	縮尺の大小による集落表現の変化　66		図108	順序尺度の二色刷り面記号図2　93
図70	総描しないで縮小した例　66		図109	一色刷りと二色刷りの面表現例　94
図71	面記号における「削除」と「統合」　67		図110	名目尺度の二色刷り面データ図　94
図72	等高線の総描例　68		図111	二つのグラフィックソフトによる淡路島の表現　100
図73	海岸線の総描例　69		
図74	書体例（邦文）　72		図112	地図作成用に整理したIllustratorCS2の新規画面　101
図75	書体例（英文）　73		
図76	字大例　74		図113	ツールボックスの名称　102
図77	字形例（変形文字）　75		図114	選択ツールとダイレクト選択ツール　102
図78	地図における変形文字の使用例　75		図115	取り消しの回数（Illustrator10のダイアログボックス）　102
図79	地図における字隔　75		
図80	地図における字列と字傾　76		図116	レイヤーパレット　103
図81	土地割に沿った字列と字傾　77		図117	レイヤーの概念　103
図82	主題図における注記の1例　77		図118	配置のダイアログボックス　104
図83	太陽のスペクトル　87		図119	下図レイヤーのオプション　104
図84	色光の三原色と加法混色　87		図120	透明パレット　104
図85	色料の三原色と減法混色　87		図121	バウンディングボックスを隠す　105
図86	PCCS（日本色研配色体系）の色相環　87		図122	ペンツール　105
図87	オストワルトの等色相面　87		図123	ベジエ曲線　105
図88	PCCS（日本色研配色体系）のトーン分類　87		図124	鉛筆ツール　106
		図125	線種パレット　106
図89	色彩のいろいろなイメージ　88		図126	さまざまな線記号　107
図90	「色」を「形」の代用とした例　88		図127	カラーパレット　107

図版一覧　ix

図 128	鉄道記号の作成	108
図 129	面の分割	108
図 130	パスファインダパレット	109
図 131	スポイトツールと塗りつぶしツール	109
図 132	文字ツール	109
図 133	文字設定パレット	110
図 134	拡大・縮小ツール，シアーツールとダイアログボックス	110
図 135	整列パレット	110
図 136	長方形ツールなど	111
図 137	スウォッチパレット	111
図 138	グラフツール	112
図 139	主なショートカット	112
図 140	銅版印刷の工程	116
図 141	石版印刷の工程	117
図 142	手書き文字の手法	117
図 143	製図の器具（インク法）	119
図 144	製図の用具（定規）	120
図 145	製図の器具（スクライブ法）	124
図 146	市販のパターン例（スクリーントーン）	126
図 147	1960 年代末作成の手描き地図	127
図 148	堤防の新旧記号	129
図 149	旧堤防記号の復活	130
図 150	図 149 の御土居を現在の堤防記号に変えた地図	131
図 151	旧堤防記号の拡大図	131

地図表現ガイドブック
――主題図作成の原理と応用――

1 地図表現総説

1 地図表現の重要性

　地理的な認識や思考の過程は，どのような表現手段で記録され，伝達されるであろうか。オーストリアの地図学者アルンベルガー E. Arnberger(1966)は，次の五つの表現 Darstellung を挙げている。

① 文章的　　textlich
② 数的・表的　zahlenmäßig, tabellarisch
③ 図解的　　graphisch
④ 地図的　　kartographisch
⑤ 画像的　　bildhaft

　このうち①は自明であろう。②は統計表あるいはグラフ（ダイアグラム）の形で表現されることが多い。③は例えば海抜高度と植生・農業の関係を示す模式図や，カナートの断面図などを指す。④は本書で扱おうとしている地図である。⑤はスケッチなどを含むが，現実には写真という形をとることが多い。

　学校の地理教科書や，地理学関係の概説書・研究書を開いてみると，これらの五つの表現が，手をかえ品をかえ駆使されている。

　これらはいずれも，記録・伝達の重要な手段であり，記録し表現しようとする過程そのものが，本来きわめて創造的である。文章についていうと，見たこと，聞いたことや考えたことを自分で文章にまとめてみると，その過程でさらに考えを深めたり，新しい着想に到達したりすることがしばしばある。写真の場合も，カメラをかまえ，何をどう写そうか，工夫をこらしているうちに，観察が深まり，思いがけぬ発見をすることがある。

　地図についても全く同様であって，何らかの事象を地図に表現することは，文章的表現の単なる補助手段ではない。地図に表現すること自体が，地理の学習や研究調査の重要なプロセスとして位置づけられるべきである。

2 地図の分類

　次に，地図とは何か，ということを考えるために，地図はどのように分類できるかを検討してみよう。

　第一に，作成法によって，実測図と編集図に分けられる。現在のわが国では，国土基本図や2万5千分の1地形図が実測図であり，そのほかの多くの地図は，それをもとに編集した編集図である。

　第二に，形態によって，平面地図・立体地図・地球儀に分けられる。球形をなす地球の表面をどのようにして平面的な地図の上に表現するかは，古来大きな問題で，その解決のためにさまざまの投影法が考案されたのであるが，直接的で最も明確な解決は地球儀である。夏と冬の太陽の高さや時差・日付変更線などを理解させるにも，地球儀が最もよい。もう少し小さな地域の地図では，山地・丘陵などの高さをどう

平面図上に表現するかが大きな問題である。立体地図（地図模型）はその直接的な解決であって，通常は高さを平面距離の数倍に誇張した比率で表現する。

第三に，体裁によって，Map（図葉）とAtlas（地図帳・地図集）とに分けられる。アトラスというと日本では通常製本された地図帳を意味するが，製本せずに箱の中に入った地図集でもよい。諸外国のナショナルアトラスにはそういう体裁のものが少なくない。

第四に，色彩によって，単色図と多色図とに分けられる。このいずれであるかによって表現できる内容に大きな違いがある。前近代社会における手描きの地図は，多くの場合，多色図であった。近代印刷術の発展に伴い，一色で表現せねばならなくなった段階で，さまざまな工夫が必要となった。例えば，手描きの村絵図では，道路を赤，河川・湖沼を青，森林を緑であらわしていたのを，何らかの記号に変える必要が生じたわけである。近年はカラー印刷の普及に伴い，多色図の作成される機会がふえてきている。

第五に，縮尺によって，大縮尺図・中縮尺図・小縮尺図に分けられる。国土地理院では，1万分の1以上の地図を大縮尺図，1万分の1未満，10万分の1以上を中縮尺図，10万分の1未満を小縮尺図と呼んでいる。

第六に，内容によって，一般図と主題図とに分けられる（その違いについては，次節で多少詳しく述べる）。

以上，主な分類法を六つ挙げてみた。本書で扱うのは，作成法の点では編集図，形態的には平面地図，体裁の上ではMap（図葉）である。色彩の上では主として単色図であるが，多色図についてもふれる。縮尺については大縮尺から小縮尺まで各種の段階のそれが含まれる。そして内容的には主題図である。

六つの分類法のうち，どれが重要かは一概にいえないが，本書のテーマである「地図表現」の問題に基本的にかかわる面をもつ第六の一般図と主題図という分類について，もう少し検討しておくことにする。

3　一般図と主題図

一般図 general map とは，『図説地図事典』(1984)によれば「表現事象がすべてまんべんなく描かれている地図」とされているが，別の言い方をすれば，特定の表現主題のない地図，ないしは多目的使用を指向する地図ということもできる。そこで多目的図または汎用図とも呼ばれている。

例えば，国土地理院で発行されている2万5千分の1地形図，5万分の1地形図や20万分の1地勢図，50万分の1地方図などは，代表的な一般図であり，各市町村が行政上のさまざまの用途のために作成している2,500分の1あるいは5,000分の1といった大縮尺の地図類も一般図である。

また，学校用の地図帳で「基本図」と呼ばれている地図，すなわち平野を緑，丘陵・山地を黄色ないし茶色，海や湖・河川を青で彩色し，そこに大小の都市や鉄道・道路などを記してある地図も，一般図である。学校の授業中に掛けて用いる掛地図も，同様の一般図が多い。また，1枚ものの都道府県地図，あるいは市街図の類も，多目的使用という点で一般図であるし，1戸ごとに居住者の名を記した「住宅地図」も，一般図に含ませて考えてよいであろう。

ところで，これらの一般図には，どのような内容が記載されているであろうか。「すべてまんべんなく」とか「特定の表現主題がない」とか「多目的使用」とかいった漠然とした言い方でなしに，その内容を積極的にいいあらわすとどうなるか。スイスの地図学者イムホフ E. Imhof(1972)は，「地表の形態，種別，地物が主である」としている。また「地図の3要素」を主体にした地図ということもできる。

3要素とは，地形と集落と交通路の三つであり，併せてそれらの名称も記載されている。この場合，地形には，海岸線・山地・平野・湖沼・河川・海域などがすべて含まれる。集落は，中縮尺の地形図では村落や市街地であるが，学校用地図帳の基本図では，大きな都市については市街地をその広がりで示し，市町村をその人口段階別に記号で示している。都道府県のような広域の行政区画名やその境界線(地形図の場合は市町村名とその境界線)も，集落の関連事項とみなすことができる。交通路としては，鉄道・道路のほかに，航路・港湾・空港などがあらわされている。以上のように，地図の3要素を主体とする，多目的使用を目指した地図が一般図である。

　それに対し，主題図とは，一般図を基図(ベースマップ)にして何らかの主題(テーマ)を強調して表現したものであり，気候図・土壌図・人口図・産業図・交通図などがそれに当たる。国土地理院の発行図としては，土地条件図(2万5千分の1)，土地利用図(2万5千分の1，5万分の1，20万分の1)，沿岸海域地形図・沿岸海域土地条件図(2万5千分の1)，湖沼図(1万分の1)などが主題図と呼ばれている。

　英語ではtopical map，thematic map，ドイツ語ではthematische Karte，フランス語ではcarte thématique という。「主題図」はその訳語であるが，日本で主題図という呼称が一般に用いられるようになったのは，それほど古いことではない。おそらく1960年代に入ってからであろう。学校用の地図帳では，しばしば「資料図」と呼ばれてきており，佐藤甚次郎『統計図表と分布図』(1971)では「分布図」と呼んでいる。

　アルンベルガーによれば，ドイツ語のthematische Karte という語は，1934年，シューマッハー R. von Schumacher によってはじめて用いられ，さらに1952年のドイツ地図学会大会(シュトゥットガルト)でクロイツブルクN. Creutzburg によって用いられて以降，一般に広く用いられるようになったという。それまでドイツとオーストリアではangewandte Karte (応用地図)，スイスではSpezialkarte (特殊地図)という呼称が一般的であった。

　ライス E. Raisz(1962)は，general maps に対する概念はspecial maps であるとし，この中には，狭義のthematic maps のほかに，海図・地質図・交通路図・政治地図・歴史地図・地籍図cadastral maps などを含むとしている。狭義のthematic maps 以外の地図は，すべて既成の地図(多くの場合，印刷され市販されている地図)であり，それに対して狭義のthematic maps というのは，研究に当たって学者がみずから作成する地図を想定している。本書で扱うのは，まさにこの狭義のthematic maps である。

　考えてみると，同じく主題図といっても，利用する側からみるのと，作成する側からみるのとでは，大いに異なっている。例えば，海図・地質図や道路地図・地籍図などは，つねにわれわれの利用の対象であり，それをわれわれが作成することはない。また海図や道路地図は，かなり一般図的(多目的図的)性格をもっており，ことに海図は，海の一般図と考えても差し支えない。

　それに対し，本書で扱うのは，あくまで作成する側からみた主題図，すなわち，ライスのいう狭義のthematic maps である。

4　地図の「正確さ」と「美しさ」

　製図 drawing には2種類ある。狭義の「製図」は英語のtrace に当たり，模写，透写等の意味である。いわば「手を使う製図」といっていいであろう。広義の「製図」はdraft に当たる。製図という意味のほかに下図，企画，立案といった意味を併せもっている。すなわち，trace の前に行なう企画や編集を含み，trace の後の製版・印刷までを考えた「製図」が，これであ

る。traceが「手を使う製図」であるなら，draftは「頭を使う製図」といえる。

製図に2種類あることを知っておかなければ，美しく理にかなった地図は作れない。

「cartographyはscienceとartが一体となったものだ」といったのはエッケルト Max Eckertである。われわれもよく「地図は正確で美しくなければならない」などという。この「正確」「美しい」は，それぞれ前記のscienceとartに対応して使われているのである。

ただ，地図の「正確さ」とは何か，「美しさ」とは何か，さらに一歩進んでみると，問題はそう簡単ではない。

例えば，ここに移転案内図がある(図1)。この図と2万5千分の1地形図(図2)の「正確さ」の差はかなり大きい。移転案内図は，方位縮尺がなくても成り立つ。そこで大切なのは，ある家が駅や道路や目印となる他の建物と，どういう位置関係にあるか，ということであり，それがある一貫性を保っていれば，方位はどうでもいいし，縮尺も家の近所は大きく，家から離れるに従って小さくなってよい。この「正確さ」を地形図のそれと同等に論じるのは無理であ

る。といって，移転案内図が不正確かといえば，そんなことはない。その図を使って用は足せるからである。

このように，「正確さ」ということを考えてみても，それは，①図の目的，②縮尺，③対象とする利用者などで，その意味は変わってくる。縮尺2,500分の1の地図で道路の幅は測れても，2万5千分の1の地形図で道路幅を測る人はいない。また，小学生向けの地図帳にのせられた，ある地方の土地利用図が，内容・表現ともに『日本国勢地図帳』のそれと違うことも，いうまでもない。

こう考えてくると，製図の条件としての「正確さ」は，「信頼性」reliabilityと言い換える方がいいように思われる。この言葉には，図によって許容される「正確さの幅」といった意味がくみとれるからである。

地図の「美しさ」というのも，取り扱いの難しい問題である。個々には「スイスの地図の地貌表現はすばらしい」といった感想を聞くことができる。しかし，製図の条件としての「美しさ」，すなわち，いかにしてそれを作り出すか，という観点から考えることも必要である。「美

図1 移転先を模式的に示した移転案内図の例
方位・縮尺など正確には現実に対応していないが，この図を使って目的地にたどり着くことは容易である。「路線図」としては「信頼性」がある。

図2 同じ区域の2万5千分の1地形図（「草津」大正11年測量，昭和54年第2回改測，平成8年修正測量，平成10年部分修正測量）
アミをかけた部分が図1で表現された道路である。

しさ」というのは，その大部分を技術 art に頼っている，ということを承知の上でのことであるが．

「美しさ」は，①点や線そのものの美しさ，②点・線・面記号自体の美しさ，③図の構成の美しさに分けられる．

①は製図の前提条件で，これは純粋に技術の問題である．②は，例えば鎖線における線分と空きの比率の問題などがある．同じ市郡界をあらわす2点鎖線でも，その線分と空きの比率は，大正6年式の場合は4：3であり，昭和40年式以降では5：4である（図3）．ほかの比率を加えて，どれが最も美しいかを検討する，といった課題がある．③では，図の主題・縮尺や図中に使われているほかの記号の種類などを考慮して，市界に実線・破線・1点鎖線・2点鎖線・点線・アミ線のいずれを使えば，図が美しくな

るかといった例があげられよう（図4）．

ところで，問題は「美しさ」という言葉で，一体どれだけ多くの人が，地図に関して一致した見解をもつことができるかである．「美しさ」という言葉は，一面曖昧であって，なかなか定義が難しいところがある．

そこで，「美しい」といわれる地図の属性について，調べてみることにする．「美しい」といわれる地図は，きまって読み取りやすい．この点がキーポイントであろう．読み取りやすいということは，図が明白である，ということで，点とか線がくっきりしているだけでなく，図の構成がすっきりしていることである．主題図に限れば，テーマの部分がはっきりしていて，ベースマップの部分は，背後からテーマを引き立たせるような表現になっているようなものを指す．「美しさ」の概念を少し横滑りさせること

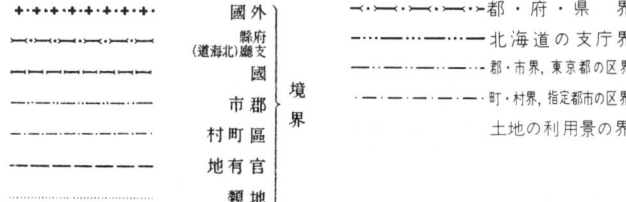

図3　大正6年式と昭和40年式以降の2万5千分の1地形図図式における行政界の表現

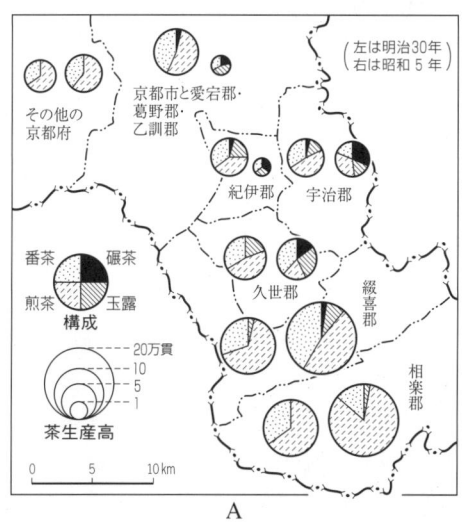 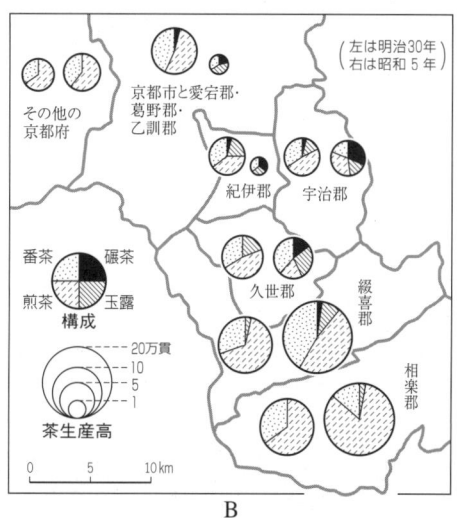

図4　主題図における行政界の表現2例〔京都府南部の茶の生産高とその構成〕（宇治市史年表の原図により作図）
　　Aは一般図の図式と同じ記号を使った．Bはアミ線を使った例．Bの方が主題のダイアグラムをうまく引き立てている．

になるかもしれないが，できるだけ具体的にいおうとすると，「明瞭性」clarityということになろうか。

「信頼性」と「明瞭性」があってはじめて，地図はscienceであり，artである。ところで，この「信頼性」と「明瞭性」を支えるのは何か，これが次の課題である。

5　地図表現における〈辞書〉〈文法〉〈修辞〉

ここで少し観点を変え，地図表現における〈辞書〉〈文法〉〈修辞〉という問題について考えてみたい。

地図も表現の一種である，ということは文章表現と同じく，そこに〈辞書〉〈文法〉〈修辞〉があるはずである。大変おおざっぱないいかたで，地図を文章と同一視した，このような問題の立て方には，疑問を感じる向きがあるかもしれない。

ソシュール F. de Saussure が記号論 sémiologie の必要を説き，言語学を記号論の一部分と位置づけてから，言語と記号についてはさまざまな議論がなされてきた。言語と記号には，当然，共通する要素と相違する要素とがあるが，ソシュールのいう「言語の特殊性」を追求するあまり，これまではともすれば言語と記号との相違に注意が傾きがちであったように思われる。もちろん，相違するといえるためには共通の地盤がなくてはならず，言語と記号が共通の地盤の上に立っているというのが，議論の前提になっているわけであるが，研究は相違に注意がそそがれてきたのである。その理由の一つとして，言語と記号の比較が，読む側，利用する側からおもに行なわれてきたことが挙げられるであろう。

ただ，「表現」という行為から地図の問題を考えようとすると，言語と記号とは同じである，という前提が非常に大事なのである。なぜなら，表現という行為のうえでは，言語も記号も（あるいは言語も地図も）全く同じで，そこを追求することで，いろいろな論点が出てくるのではないか，という予測もできるからである。〈辞書〉〈文法〉〈修辞〉という概念を借りてきて，地図に当てはめてみようとするのも，この立場にたってのことなのである。バルト R. Barthes (1953)は興味深い指摘をしている。「記号は言語を離れては存在しないので，むしろ言語学の中に記号学があるのだ」と。

ただし，表現という行為においては同じであっても，表現されたものが全く同じだというわけにはいかない。そこで，すべてが同じとはいえないということを認識したうえで，共通点（この場合は地図と言語の共通点）をどう探るか，という問題になる。本書では記号論の助けを借りることも多いが，目的は記号論を構築することにはないのであって，あくまで地図表現の世界を解明することが目的である。

よく知られるように，記号論では「記号と記号の結合について研究する統辞論 syntactics」と「記号とその指示物の関係について研究する意味論 sematics」とがある。通常，前者が〈文法〉に相当し，後者が〈辞書〉に相当するといわれている。

一枚の地図は全体としてみれば，一つのコンテクスト（文脈）である。文脈をつづるのに，語彙とその意味を記した〈辞書〉が必要なように，地図にも〈辞書〉が要る。地図の〈辞書〉とは「図式」であり，それは通常「凡例」という形であげられている。最も典型的な地図の〈辞書〉は，国土地理院の発行している地形図の「図式」である（**図5**）。そこでは ‖ は必ず水田をあらわす記号であるし，○は町村役場を示す記号である。しかもそれぞれの記号は，線の太さ・長さ・間隔などが厳密に決められている。一般図はこのように〈辞書〉が厳密に定められたうえで，描かれる地図なのである。したがって，ここで一般図の凡例（図式）を，特に〈基本辞書〉と規定する。主題図の凡例は〈応用辞書〉ということになろう。

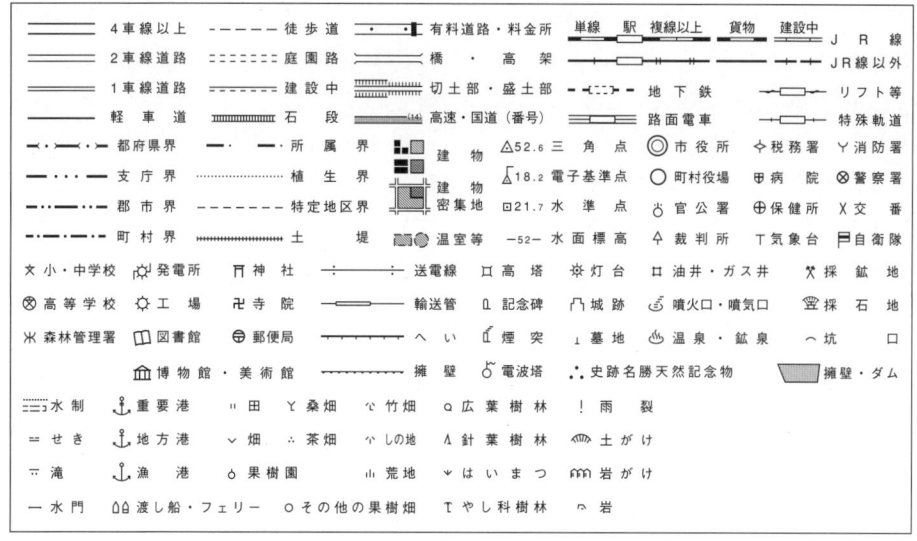

図5　地図の〈辞書〉〔2万5千分の1地形図の図式〕
本来は黒・青・茶の三色であらわされている。

〈応用辞書〉の制約は，一般図と比較にならないくらい，ゆるやかである。それは主題図の凡例を見ればわかることである。主題図の凡例は，図によって一つ一つ異なっている。記号としての拘束性が高い ‖ の記号ですら，水田に使われるだけとは限らない。世界の気候図の中で，ステップ気候の面記号表現として使う場合もある。また，逆に水田の表現がいつも ‖ になるとも限らない。図6のように，アミふせをした方が，図の主題をうまくあらわす場合もある。○に至っては，主題図の中で使用される範囲はあまりにも広い。町村役場のみならず，縮尺が小さくなるにつれて，市役所をあらわし県庁所在地をあらわす。地質図なら礫を示すし，

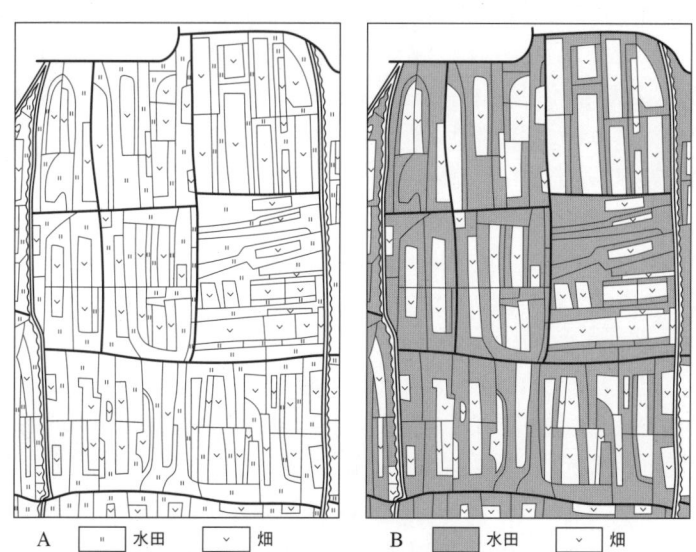

図6　主題図における記号表現の自由〔濃尾平野における島畑〕
（金田章裕の原図により作図）

Aは地形図の土地利用景区分の水田記号を使ったもの，Bはアミを使ったもの。
Aは色でぬり分けでもしない限り，図としてとても読み取れない。

土地利用図では集まって果樹園を示す面記号となることもある。

　それでは主題図の凡例は無数にあって，全く統制のとれない表現形態をとっているかといえば，そうもいえない。それはおそらく，記号と記号の結びつきを規定する〈文法〉があって，放縦に流れるのを防いでいるからであろう。その規定は社会的な拘束力をもち，さまざまな基準によって地図表現を秩序づけているのである。

　地図表現の〈文法〉とは何か。言語のように品詞があり，動詞や形容詞のような活用形をもつのだろうか。このような質問に対し，アナロジーで答えることはできる。品詞に相当するのは，地図の種別である。本書ではデータを4種類，地図記号を3種類に大別し，それらをかけあわせた12のタイプに地図を分類している。こうして分類されたタイプが有効であることは，それぞれのタイプで適用可能な地図記号の法則が異なることで実証される。また，地図記号のアレンジ方法が，地図のタイプによって異なるのは，品詞によって活用形が変わるのと軌を一にしているといえるかもしれない。手始めに，ここでは一般図の中に用いられている〈文法〉を見ることにする。

　後で述べるように〈文法〉を一種の「秩序づけ」とみるならば，道路幅によって順序づけられた路線記号や，都道府県界・市郡界・町村界のように上位から下位へと序列のついた線記号などは〈文法〉にのっとった表現である。重要港・地方港・漁港を分類した点記号も同様である。また，郵便局や工場など，ほとんどの点記号が，あるイメージをシンボルとして用いている。水田や果樹園などの面記号も，同じような手続きをへて決められており，事物のイメージをシンボル化し，地図記号として用いるのも，一種の〈文法〉に従ったものといえる。ただ，〈基本辞書〉において，確かに〈文法〉にのっとった表現はあるものの，ここに主眼があるのではない。一般図の凡例（図式）は動かしがたいものであって，〈文法〉というよりは，語彙そのものの集まり，すなわち〈基本辞書〉が地図表現のすべてを規定している。

　繰り返しになるが，主題図の記号表現の自由度ははるかに大きい。〈応用辞書〉は自ら作りだすものである。ただ，〈応用辞書〉が何もない中空から生み出されるわけではなく，まず〈基本辞書〉を参照し，発展・展開させて決めるのが普通である。〈基本辞書〉にも〈文法〉がある限り，〈応用辞書〉にも〈文法〉という制約がついているのは当然のことであろう。〈応用辞書〉が放縦に流れないで，社会的な認知を得ているのは，〈文法〉によって表現や読み取りを規制しているからなのである。主題図の表現を支えているのは〈文法〉であるといえる。

　表現の自由度に関して付け加えるならば，主題図ではテーマの記号表現が優先されるため，（一般図的な要素の強い）ベースマップの部分でも，その表現は〈基本辞書〉通りにはいかないことが多い。市郡界一つをとってみても，国土地理院の地図のように，必ずしも2点鎖線にはならないで，テーマによりあるいは他の記号表現との兼ね合いにより，実線・破線・アミ線などの中から適切なものを選ばなければならない。基図の部分でも運用する〈辞書〉は〈応用辞書〉なのである（図4参照）。

　なお，地図の文法は「図法」と言い換えるのが正しい言葉の使い方であろうが，普通，図法といえば投影法を指すことが多く，混乱を招きかねないので，言葉の使い方としては少しおかしい（地図は図であって文でない）が，比喩的に地図の〈文法〉という言い方で通したいと思う。

　次に〈修辞〉はどのように考えればいいのだろうか。たとえていえば，地図は一つのコンテクストであると述べた。それはコミュニケーションの一つの手段として，言語活動 langage に相当する役割を担っている。そして言語活動はラング langue（言語）としての側面とパロール parole（言）としての側面をもっている。

ファージュ J.B. Fages(1968)によれば、ラングは「言語活動のコード化された社会的な側面」であり（一種の制度である）、パロールは「個人の行為、ある人間が他者に語りかけるという具体的な行為」であり、「表現の自由、変奏 variation の自由——但し厳重な監視つきの自由——を持つ」とするならば、〈文法〉と〈辞書〉は社会的なラングに属し、〈修辞〉は個人的なパロールに属するということができる。

主題図を描くにあたって、人は〈基本辞書〉から〈応用辞書〉を作り出すが、それを具体的な地図記号に表現するのは、個々のセンスによってである。図7で要求されている〈文法〉は、比率の高いものは濃いパターンで表し、比率が低くなるにつれて淡くする、というものであるが、実際に選択され描かれるパターンは人によって違う。〈修辞〉は〈応用辞書〉を主題図に具体化する段階であらわれる、ということができる。

ここで一般図と主題図の〈辞書〉〈文法〉〈修辞〉を整理しておこう。一般図は〈辞書〉本位の地図表現である。一つ一つの記号は厳密に大きさが決められており、個人的な〈修辞〉の入る余地はない。それには〈基本辞書〉という名がふさわしい。主題図においては〈基本辞書〉を運用しながらも〈文法〉に従って記号を選択し、自ら〈応用辞書〉を作り出すことができる。線の太さや点の大きさなども、あらかじめ決められているわけではない。個人的な〈修辞〉は認められている。図解すれば下のようになろう。

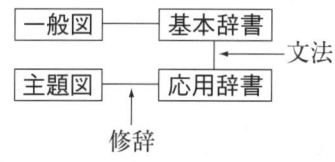

このような違いを認識して、本書のテーマで

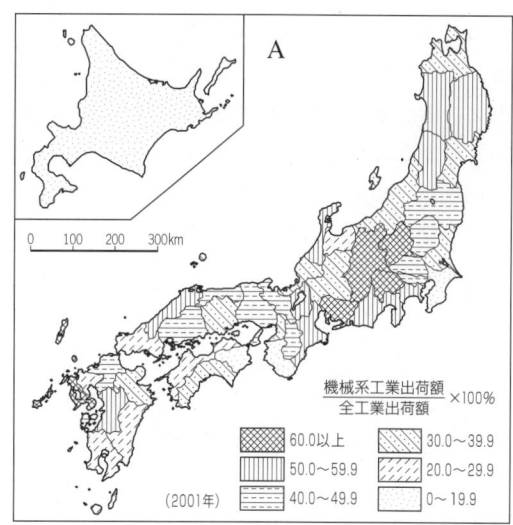

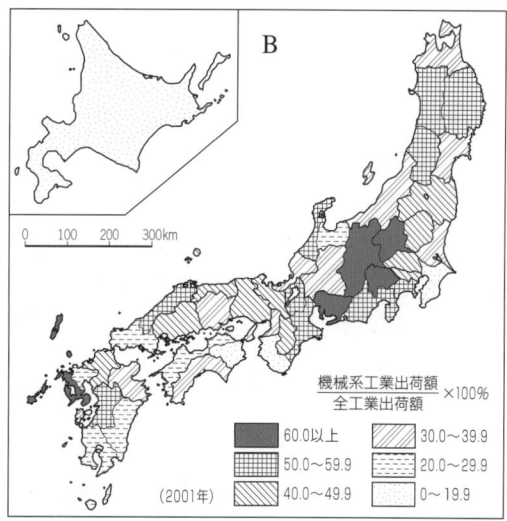

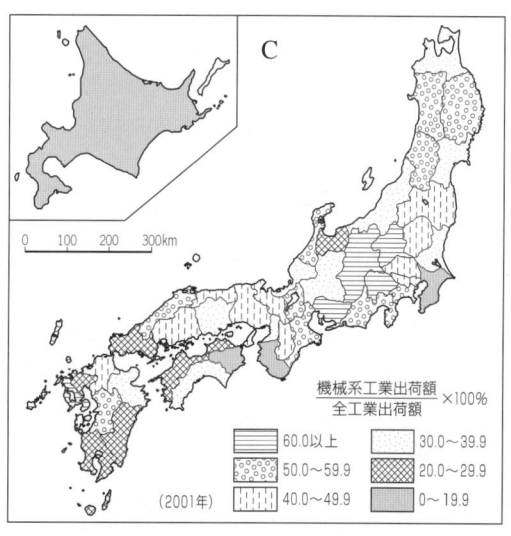

図7 主題図における〈文法〉と〈修辞〉1〔各都道府県における機械系工業の比率〕
A・Bは文法を守った例。修辞が違う。Cは文法をふみはずした例。一見したとき、図が何を意味しているのかわからない。

1 地図表現総説

ある「主題図」の表現は取り上げるべきであろう。われわれが喋っているとき，〈文法〉を意識していることはない。〈文法〉は背後に隠れている。意識するならば，むしろ〈修辞〉の方である。この関係は地図の〈文法〉と〈修辞〉にもあてはまる。地図を製図する際，〈文法〉と〈修辞〉は一体のものと考えられてきた。〈文法〉は必ずしもはっきりと意識されてはいなかった。もちろん，すぐれたカルトグラファーは両者をはっきり区別し，乖離させることなく，良質の地図を提供してきたが，地図の製図を一つのシステムとして考える試みはあまりなかった。

本書の副題は「主題図作成の原理と応用」である。対象を主題図に限ったこと，自ら製図する観点を貫いたことで明らかになったことがある。総体として見ると，主題図は一般図よりはるかに多様な表現形態をもち，システムとしても整備されている。本書で主題図を12のタイプに分類したことは，前述のように，12の品詞にわけたことと同じに考えてよい。しかもこの品詞は，ばらばらに存在するのではなく，データと記号の性質から相互の関係が分かっている。これがまず〈文法〉の第一歩である。そして，12のタイプ別に地図記号の適用の範囲・適用の法則を調べれば，それぞれの地図の活用形が明らかになるだろう。そこに第二段階の〈文法〉がある。

考えてみれば，これまで一般図と主題図における記号表現の性格の違いはあまり言及されなかった。双方とも地図には変わりないので，なんとなく似たようなものであろうと思われてきたようである。後にあげるデータと地図記号の相互関連の図（図18）も，いろいろな人が取り上げているが，一般図と主題図を同じ図表の中で扱っているために，難解になるきらいがある。相互関連，という言葉が示しているように，これはすでに〈文法〉の領域にふみこんでおり，必然的にこの類の図表は主題図にのみ限るか，少なくとも主題図と一般図に分けて取り上げるの

が正しいあり方といえるのである。

〈辞書〉〈文法〉〈修辞〉についてもう少し具体的に考えてみると，どうなるのであろうか。『広辞苑』には次のような説明がある。

 辞書＝（1）　ことばを集め，一定の順序に並べ，その読方・意義・語源・用例などを解説した書。（後略）

 文法＝（1）　文における語の配列，語形の変化の秩序。語法。

    （2）　文章を作る上の内容・形式上のきまり。

 修辞＝（1）　ことばを整え修めること。

    （2）　ことばを修飾して麗しく巧みにいいあらわすこと。また，その技術。美辞。

これはあくまで文章に即した考え方であって，地図にあてはめると，次のような意味になるわけである。

 地図の辞書＝地図記号を集め，一定の順序に並べ，その意味を言葉で示したもの。

 地図の文法＝（1）　地図における記号の配列，記号の変化の秩序。

     （2）　地図を作る上の内容・形式上のきまり。慣用。

 地図の修辞＝（1）　地図記号を整え修めること。

     （2）　地図記号を修飾して麗しく巧みにあらわすこと。また，その技術。

地図を子細に検討すれば，このような分け方で用は確かに足りる。例えば図7「各都道府県における機械系工業の比率」においては，それぞれの模様に対して機械系工業の比率を数字で示している（辞書）。そして，機械系工業の比率が高くなればなるほど，模様がだんだん濃くなってくる。これは配列，もしくは変化の秩序の問題で〈文法〉に属する。ただし，〈文法〉は，淡いものから濃いものへと要求するだけで，実際

にどの模様を使うかは，製図者に任されている。したがって，図7における〈修辞〉は模様の濃度を各段階ごとにどのようにアレンジするか（**地図構成上の修辞**），また実際に模様を描く場合，どの程度の線の太さ，どの程度の間隔にするか（**記号自体の修辞**）などを含むことになる。

もう一つ例を挙げて説明してみよう。図8「宇治郷における茶商などの分布」において，すべての記号は言葉で職業を指示されている（辞書）。また，茶に関係する職業をあらわす記号がすべて○の系列に属し，茶に直接関係のない職業が○以外のものであらわされているのは，図のテーマをよりよく表現するための秩序であり，一種の〈文法〉といえる。そして，それらの○や他の記号について，その大きさ・線の太さ等の観点から論じれば，それが〈修辞〉になる（**記号自体の修辞**）。また，茶に関係する職業の記号を○にするか，あるいは□にするかといった観点から論じるのも〈修辞〉といってよい（**地図構成上の修辞**）。

『広辞苑』の定義は他のあらゆる語との区別をする必要から生じており，単に〈文法〉と〈修辞〉を区別するだけならば，もっと単純な基準で定義することも可能である。

例えば，図7で濃淡の順序を滅茶苦茶にしたCの例では，図は一見して何をいいあらわそうとしているのか，その読み取りが不可能になるであろう。すなわち，地図における〈文法〉とは「間違えると一見して意味の通じなくなるもの」＝「地図の"信頼性"を支えるもの」(6頁参照)ということができるのである。

逆に，濃淡の順序さえ合っていれば，具体的にはどのような模様を使おうとも自由である。もちろん，そこには個人差が出て，きれいな図（読み取りやすい図）もきたない図（読み取りにくい図）も出てくるであろうが，意味はいずれの場合にも通じるであろう。〈修辞〉は〈文法〉の後に出てくるものである。〈辞書〉は言葉で意味

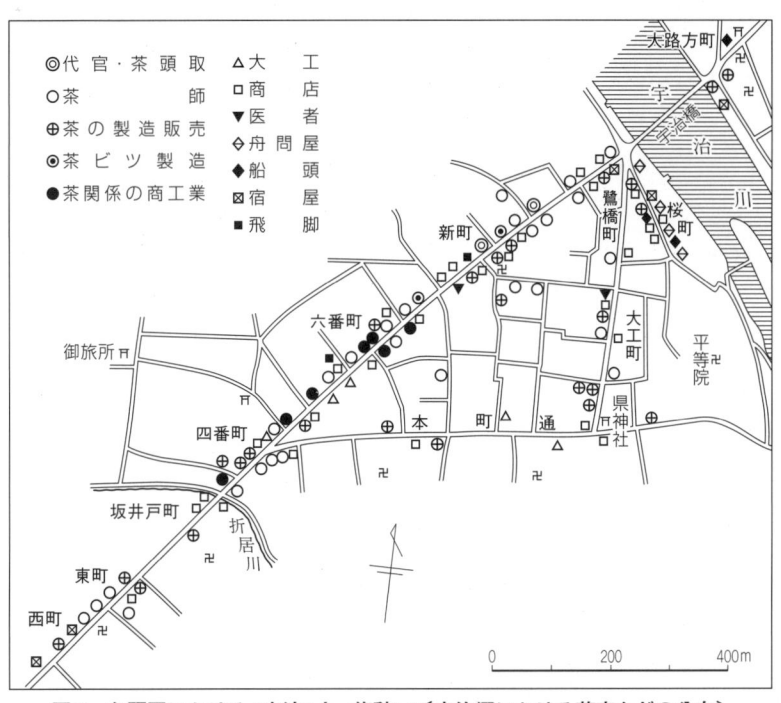

図8 主題図における〈文法〉と〈修辞〉2〔宇治郷における茶商などの分布〕
（宇治市史第3巻の原図により作図）

茶に関係する職業のみが○の系列で記号化されている。他の記号には少し小さく描かれていることに注意。

1 地図表現総説

を指示する。〈文法〉は図としての意味を保障する。〈修辞〉はその「意味を通じやすくするもの」＝「地図の"明瞭さ"を支えるもの」(8頁参照)ということができる。

『広辞苑』の意味を地図に当てはめて作った定義では，〈辞書〉〈文法〉については問題がないようである。ただ〈修辞〉の方は(1)がややわかりにくい。(2)は少し前のところで**記号自体の修辞**としたものに合致する。(1)を地図の実態に合わせて**地図構成上の修辞**とするには，次のように言い換えておかなければならないだろう。

> 修辞＝(1) 地図における記号の配列や秩序を美しく，またわかりやすく描くこと。その技術。(**地図構成上の修辞**)
>
> (2) 地図記号を修飾して麗しく巧みにあらわすこと。またその技術。(**記号自体の修辞**)

主題図において〈辞書〉はみずから作り出すものである。しかし，全く恣意的に作るわけにはいかない。社会的にほぼ認知されていて，地図の「信頼性」を支える〈文法〉と，個人的なアレンジの余地が残されていて，地図の「明瞭性」を支える〈修辞〉によって，地図として誤りのないコミュニケーションをはからなければならない。

それが地図の記号表現の課題となるわけであるが，それにはデータの内容やその尺度，また地図記号の形態と内容の組み合わせによって，地図表現のパターンを抽出し，そのパターンごとに検討していく作業が必要である。

2 主題図総説

1 主題図の歴史

これまでの地図発達史の研究は，主として一般図の発達に重点を置いてきたといってよい。このことは，前近代的なさまざまの地図についても，あるいは近代的な測図事業に基づく地図についても同様であり，これまでの地図発達研究の視点は，地図製作技術やその基礎となる測量技術の発達，あるいはそれに伴う地理的視野の拡大ないし世界観の変化などに置かれていた。

それに対し主題図の発達は比較的新しいものとされ，その発展に貢献した人として，アレキサンダー・フォン・フンボルト Alexander von Humboldt(1769-1859)の名が挙げられる(織田武雄『地図の歴史』講談社, 1973)。彼は南アメリカの研究において，植物分布と気温との関係を示すため，多くの等温線図を作成した。最初の等温線図の作成は1817年であり，織田武雄はこれを最初の主題図とする。また最初の主題図のアトラスとしては，ベルクハウス H. Berghaus の『自然地図集』 *Physikalischer Atlas* 8巻(1838-1848)が挙げられる。

しかしながら，古い時代の地図は，一般図であると同時に，多かれ少なかれ主題図的な要素を兼ね備えていたものが多かった。例えば，4世紀ごろローマでつくられたポイティンガー地図 Peutinger Map と称する道路図は，ローマを中心に，ローマ道路をはじめ各地への当時の主な道路と里程を記載したもので，幅30cm，長さ7mに及ぶこの地図は，道路を主題にした主題図ということもできる。わが国でも，古代の荘園図は，しばしば境界や用水の紛争に際して作成され，また近世の村絵図や町絵図の中にも，土地保有者，用排水（灌漑水利権），災害などの特定のテーマを示したものが多く，漁場や山林の図はたいてい，境界紛争を契機として作成されている。

アルンベルガー E. Arnberger(1966)は，オーストリアを中心として主題図の歴史に詳しい検討を加えたのち，主題図の歩みを次のように要約している。

1650 – 1750　戦争図ないし戦闘記録図，防衛地図

1750 – 1850　政治的・行政的境界図，地籍図，道路図，郵便ルート図，鉱山図，地質図

1850 – 1914　行政図，各種経済地図，統計地図，鉄道図，言語・民族図，気候・天気図，地質図，土壌図

1914 – 1945　地域計画図，植生図，民族図，さまざまの科学における地図表現

1945 –　　　地域計画図，地方アトラス，さまざまの科学における地図表現，主題図のさまざまの分野（製図法とその機械化，印刷技術等）における技術的発展

2 定性的地図と定量的地図

主題図を分類しようとすると，例えば，地質図・地形図*・気象図・気候図・植生図・人口図・産業図・交通図・文化地図というように，その内容に基づいて分類するのが最もわかりやすいが，地図表現の立場からみると，定性的 qualitative なデータを扱った定性的地図と，定量的 quantitative なデータを扱った定量的地図とに2大別することができる。

一般に，地質図・植生図や民族・宗教の分布を示した文化地図などは定性的地図であり，他方，気候図・人口図・産業図などは定量的地図が多い。

定量的地図は，統計的地図 statistical map と呼ばれることもある。何らかの地域統計を基礎として作成された地図だからである。

また定量的地図は，絶対図と相対図とに分けることができる。絶対図とは，人口や生産高を，円の大きさや棒の長さなどによって示したものである。相対図は地図上で示される単位地域の面積に対する相対的比率を示す狭義の相対図と，それ以外の相対的比率を示す広義の相対図とに分けられる。

なお，ある一つのテーマを表現する地図は，定性的地図か定量的地図のいずれか一方に限られるわけではない。例えば，農業に関する地図の場合，水田・普通畑・果樹園・茶園というように土地利用を分類して描いた土地利用図や，綿花地帯・とうもろこし地帯といった農業地帯の区分を示した地図は，定性的地図であり，他方，各単位地域の小麦の生産高を円の大きさで示したり，1ha 当たりの小麦の収量を数段階に分けて模様であらわしたりすると，定量的地図となる。

* ここでの地形図とは，代表的な一般図としての地形図 topographic map ではなく，地形に関する地図，すなわち地形学的地図 geomorphological map である。

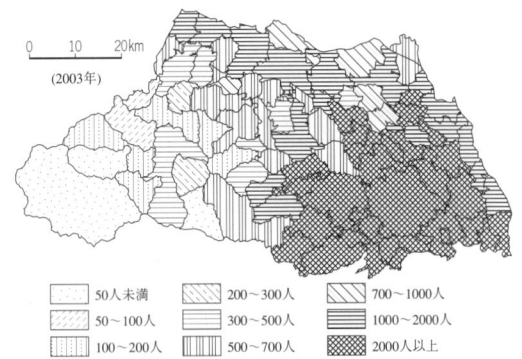

図9 狭義の定量相対図〔埼玉県の人口密度，2003年〕
住民基本台帳人口（2003年）を市町村の全面積で割って，市町村の面積と関係する相対値である人口密度を表現している。

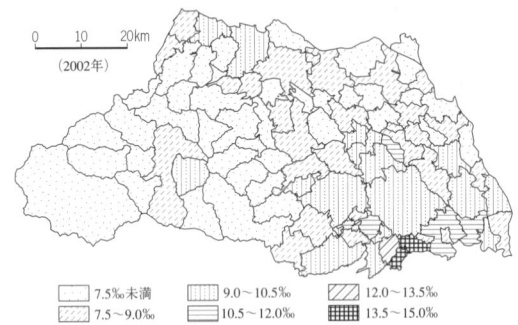

図10 広義の定量相対図〔埼玉県の出生率，2002年〕
地図上の面積とは関係なく，出生者数を市町村の全人口で割っている。人口1000人あたりの出生者数である。

3 点データ地図・線データ地図・面データ地図

主題図上に記載されるデータは，点 point データか，線 line データか，面 area データのいずれかである。そのどれに重点を置いた地図であるかによって，主題図は点データ地図・線データ地図・面データ地図の三つに分けられる。

これと上述の定性的地図・定量的地図という分類とを組み合わせ，主題図は次の6種類に分類することが可能である。

a) **定性的点データ地図** 例えば，日本の都市をその起源により，旧城下町・旧宿場町・旧港町というように分類して示したり，一つ一つの工場を繊維・食品・金属・機械・化学というように種類別に記号で示したりする図，また本

書に掲げた図では，13頁の「宇治郷における茶商などの分布」の図がこれに当たる。

　b）**定量的点データ地図**　例えば，都市をその人口に応じた大きさの円で示したり，発電所をその出力に応じた大きさの，何らかの記号で描いた地図がそれである。本書では，38頁の「三田市の農業集落別にみた溜池の貯水量」の図がこれに当たる。

　c）**定性的線データ地図**　例えば，鉄道を広軌か狭軌か，単線か複線か，電化されているか否か等によって描き分けた地図がそれである。本書では，右の**図11**のほか，43頁の「三田市中心市街地における主要道路整備」の図もこれに当たる。

　d）**定量的線データ地図**　例えば，河川をその流量により，また鉄道をその輸送量により，線の太さによって描き分けた地図がそれで，右の**図12**がその1例である。

　e）**定性的面データ地図**　例えば，都市の内部を商業地区，業務地区，工業地区，住宅地区というように区分して示したり，ヨーロッパ全体を言語・宗教などによって色分けして示したりする地図がそれである。本書では，9頁の「濃尾平野における島畑」がこれに当たる。

　f）**定量的面データ地図**　例えば，市町村別に人口の総数やその増減・密度などを示した図がそれに当たる。前記のように絶対図と相対図があり，後者には狭義と広義のそれがある。

　絶対図とは，例えば，人口総数を円の大きさや方形の大きさなどで示した図であるが，この場合，記号の使いかたは定量的点データ図と似たものとなる。ただし点データをあらわす場合には，記号を正位置に置かねばならないが，面データをあらわす場合には，その面の中の適当

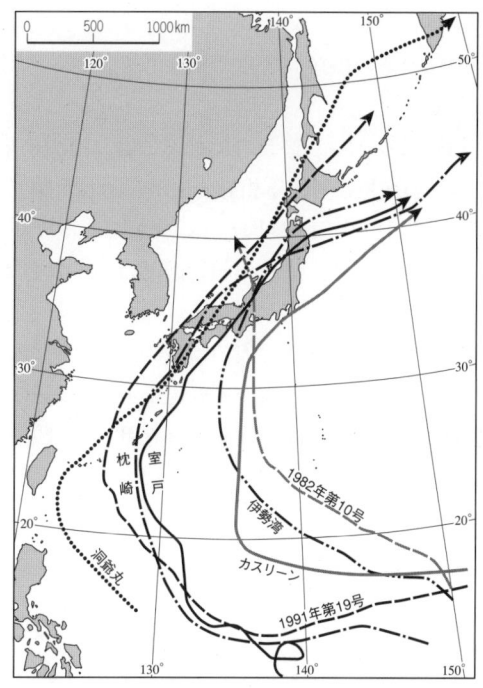

図11　定性的線データ地図〔主な台風の進路図〕
このように線の錯綜しやすい図では，実用的な線種を使う。

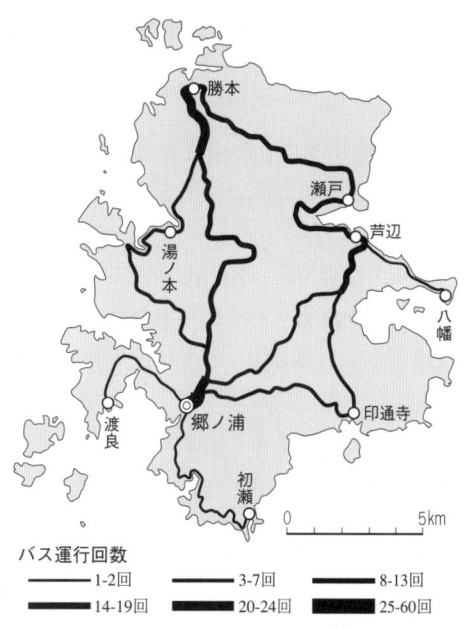

図12　定量的線データ地図〔壱岐におけるバス通行量〕（中野雅博の原図により作図）
バスの運行回数を6段階に区分して線の「大きさ（太さ）」で示してある。

2　主題図総説

な位置に置けばよい．本書では，7頁の「京都府南部の茶の生産高とその構成」の図がこれに当たる．

相対図のうち，狭義の相対図とは，地図の単位地域の面積に対する相対的比率を示した図で，図9のような人口密度図がその典型である．

相対図のうち，広義の相対図とは，それ以外の相対的比率，例えば農家1戸当たりの経営耕地面積や，一定時期の人口増減の比率を模様の段階で示したような図がそれであり，本書では，図10のほか，11頁の「各都道府県における機械系工業の比率」の図もこれに当たる．

4 主題図におけるデータの転換

主題図におけるデータは，点・線・面の三つに分けられるが，表現のしかたによっては，本来点データであるべきものが線データや面データになることがあり，その逆もある．このような，地図表現に伴うデータの性格の変化を，ここでデータの転換と呼ぶことにする．その例として三つを挙げておく．

a) ドットマップ　その代表例はドットマップ dot map である．ドットマップは，例えば人口1,000人につき1点というように単位値を決め，地図上に点を打っていくものであって，本来は定量的な点データ地図であるが，ドットの粗密によって，相対的な分布状況の粗密を示すことができ，結果的には面データとしての役割を果たすことができる．つまり点データを面データに転換するための手法であるといってよい．その際，元は定量的データであったものを定性的データに転換するはたらきもある．

このドットマップは古くからよく用いられてきた手法であり，特にアメリカ合衆国の地理書や地図帳によく用いられている．その作成には意外に手間がかかるので，わが国の地理書・地図帳や地理学の論文では，あまり多く用いられ

ないが，55頁に掲げたイングランドとウェールズの搾乳牛の分布を示した図のように，分布図としてはきわめて明快であり，もっと多く作成されて然るべきである．

日本地図センター『日本国勢地図帳』(1977)におさめられた日本全国の人口分布図(250万分の1)では，1点を1,000人としてドットで示しているが，都市ではドットが重なり合ってしまうため，いわゆる「人口集中地区」(DID)は赤く塗りつぶし，それ以外の地域の人口だけを黒のドットで表現している．

b) 等値線図　点データを面データに転換するという点では，等値線図 isoline map も同じ役割を果たしている．地図帳で最もよく見かける等値線図は，等温線や等降水量線を用いた気候図であるが，その基礎データは本来，いくつかのサンプル点でのデータ(点データ)であり，それに基づいて等値線が引かれるわけである．そして複数の等値線に挟まれた面を段階的に彩色することによって，例えば，8月の降水量が400mmを超す多雨地域とか，100mmに満たない寡雨地域とかいった面的把握が可能となるのである．57頁に掲げた図56は長岡京市における地価の分布を等値線によって示したものである．

等値線の精度は，その基礎となった点データの分布の粗密によって左右され，それが粗であると，かなり簡略化した等値線しか引けないことになる．したがって，等値線の値をそれが通過する地点の現実の値と錯覚してはならない．また等値線は，面を区分する線ではあるが，それ自体を線データともみなし得るので，等値線を点データの線データへの転換手法と考えることもできる．

主題図が表現する対象を，明確な境界線をもつ事象すなわち Diskreta と，連続的に分布する事象すなわち Kontinua とに分ける分け方がある．Diskreta は，例えば農地・森林・工場の

ように，その広がりの輪郭がはっきりしていて，その輪郭外ではそれが存在しないことが明確な事象であり，Kontinuaは，例えば，気温・降水量のように，程度の差はあれあまねく分布している事象である。後者の表現法として適しているのが，等値線図である。

c）メッシュマップ　上記のドットマップや等値線図とは逆に，面データを点データに転換するための手法がメッシュマップ mesh map である。これは面を等面積のメッシュに区切ることによって，面の形や広狭を捨象してしまい，各メッシュの位置だけを考察の対象として残すのである。メッシュをかける方法としては，例えば，1km ごとに直交する線で正方形のメッシュをかける方法と，経緯線を利用する方法とがある。わが国で「17座標系」と呼ばれているメッシュは前者であり，2万5千分の1地形図の範囲を縦横に10等分した「基準地域メッシュ」は後者である。口絵3と図99，図100は500mと1kmの地域メッシュ統計による国勢調査のデータから作図したものである。

地図表現に直接関係することではないが，わが国では近年，さまざまの国土数値情報が基準地域メッシュごとに整備されているので，みずからの面的な調査データをこの基準地域メッシュごとに把握していけば，各種の国土数値情報と突き合わせて考察することが可能となる。

5　主題図の縮尺

地図上に記載されているデータは，一般図であれ主題図であれ，点か線か面のいずれかである。例えば，河川や道路が1本の線であらわされ，それに沿う都市が円形や正方形の記号であらわされている場合，いうまでもないことであるが，円形や正方形は単なる記号であり，都市の形態が円形や正方形というわけではない。その記号によって都市の位置が示されているのであり，都市は面ではなく，点としてとらえられているわけである。

しかし，都市は点，河川や道路は線というように常に決まっているわけではない。縮尺によって異なってくる。縮尺が大きくなるにつれて，都市の市街地の広がりは面データとして示されるようになり，さらに一層大きくなって5,000分の1程度の縮尺の図になると，河川や道路も面データとして表現されることになる。

主題図の場合そのデータは，定性的データか定量的データのいずれかであるが，一般に縮尺の大きな地図では定性的地図が多く，縮尺が小さくなるにつれて定量的地図が増え，さらに一層小さくなると再び定性的地図が多くなる。例えば，5,000分の1ないし1万分の1程度の大縮尺では，耕地の作付状況を1筆ごとに小麦・とうもろこしというように区別して，農業的土地利用を定性的に地図化し得るが，50万分の1ないし100万分の1の地図では，行政区画ごとに作付面積や生産額を，それに応じた大きさの円で示すといった定量的地図となり，さらに5,000万分の1程度の縮尺でアメリカやオーストラリアを描いた地図では，もはや統計値の表現はあまり行なわれず，小麦地帯・とうもろこし地帯・酪農地帯といった，いわゆる農業地域区分による定性的地図が多くなる。

6　主題図における表現の忠実度

地図の図法で「正角図法」とか「正積図法」とか呼ばれるものがあるが，この「正」というのは，ドイツ語ではtreu（忠実な）と表現するものに相当しており，何について忠実であるかを示している。「正角」はwinkeltreu，「正積」はflächentreu，「正矩」はabstandtreuである。

主題図においては，次の三つの忠実性のいかんが問題となる。

　　正形状　situationstreu（実形実尺）
　　正位置　positionstreu（位置が忠実）

図13 正形状図の例〔ヴェストファーレン低地南東部の塊村〕（浮田典良の原図により作図）

屋敷内の建造物の大小が問題なので，特にそれを強調して表現してある。

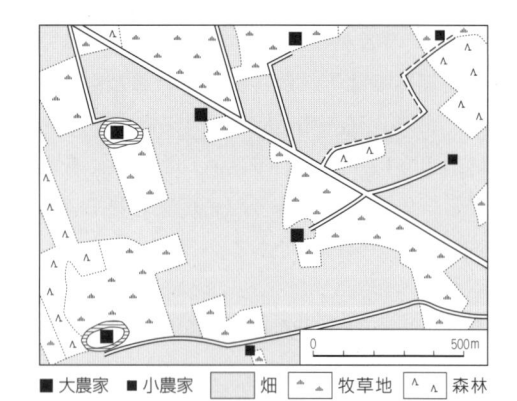

図14 正位置図の例〔ヴェストファーレン低地中央部の孤立荘宅〕（浮田典良の原図により作図）

大農家と小農家について，その屋敷の位置のみを正確に表現してある。

　　正範囲　raumtreu（範囲が忠実）

そして主題図は，これらの観点から，次のように4段階に分類することができる。

a）正形状図　忠実度に基づく各段階は，地図の縮尺とも対応しており，一般に大縮尺の地図では，多くのものが正形状に描かれる。**図13**は，著者の1人浮田がかつて1965年に西ドイツ，ヴェストファーレン低地南東部の塊村地帯において調査したある村落の中心部分を，6,250分の1の縮尺で示したものである。各農家の屋敷やその中の建造物が正形状（実形実尺）で示され，その位置ももちろん正しく示されている。建造物のうち面積的に広い部分を占めるのは，畜舎・納屋などの営農用のスペースであり，この部分の面積が農家によってかなり異なる（居住用のスペースはあまり変わらない）。北西ヨーロッパの農村では作物栽培と家畜飼育が結びついた混合農業が基本であり，そして経営農地面積の広さと飼育家畜の頭数とはほぼ比例する（農地1haにつきほぼ牛1頭と考えてよい）。したがって経営規模の大きな農家ほど家畜頭数が多く，畜舎の面積が大きくなるのであり，ここに掲げたような地図からも，経営規模の大小をある程度読み取ることができる。建造物の特に小さい数戸は，非農家である。

b）正位置図　縮尺が小さくなるにつれて，正形状で示せるものは少なくなり，その精度も落ちてくる。西ヨーロッパの農村の場合，1万分の1程度までなら屋敷や農地の区画を1筆ごとに示せるが，2万5千分の1や5万分の1になると，もう1筆ごとの表現は無理となる。**図14**は，同じくヴェストファーレン低地中央部の孤立荘宅地帯において調査したある村の一部の1964年の状況を，2万5千分の1の縮尺で示したものである。畑・草地・森林などの広がりは正形状で示されているが，個々の農家はその位置が正しく示されているにすぎない。そして農家は大農家（ほぼ20〜50ha）と小農家（ほぼ2〜5ha）とに分けて示してある。後者はすべて兼業農家である。両者の中間の5〜20haという規模の農家は，この村では少ない。専業的に農家だけで生計を立てていくには狭すぎ，兼業的に片手間に経営するには広すぎるからである。この図からわれわれは，大農家・小農家の分布のしかたのほかに，草地は屋敷のすぐ近くに多いこと，大農家の中にはまわりに水濠をめぐらしたものもあることなどを読み取ることができる。

c) **正範囲図** 位置の忠実性が失われ，事象の存在する地域の空間的範囲だけが正しく示されている地図を指す。例えば，世界の国別や日本の都道府県別に人口密度を示した地図の場合，ある一つの区画内が同一の模様で表現されていても，その区画内に均等に人口が分布しているわけではない。また人口そのものをそれに応じた大きさの円で示した地図の場合，円の位置はあまり重要ではなく，その区画内でありさえすればよい。小縮尺の定量的地図では，この正範囲図が多くなる。図15は，西ドイツの農家の経営規模について，郡別にどの階層が支配的であるかを，約430万分の1の縮尺で示したもので，各郡の農地の過半を占める階層があればそれで代表させ，それがなければ，上位二つの階層を並べて示してある。

d) **正範囲ですらない図** 例えば，人口の大小に応じた面積で関東地方を描いた模式的な地図(図16)や，全国時刻表の冒頭にある路線・駅名の地図などがそれである。ヨーロッパ諸国のうちフランスやスイスは六角形で描かれることがあり，その方が分かりやすい場合もある。

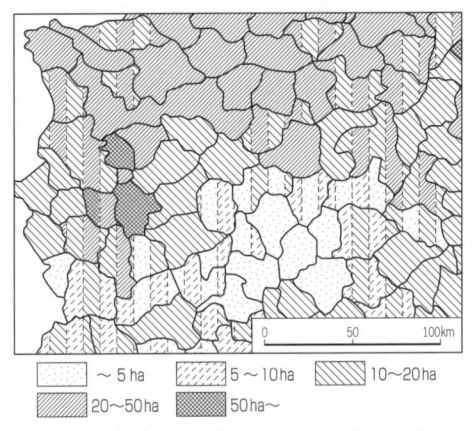

図15 正範囲図の例〔ドイツ中西部における農家の経営規模〕（H. レームの原図により作図）

郡別にどの経営規模階層が支配的であるかを示している。5ha未満または5〜10haという零細規模の多い地域は，山地で，しかも「一子相続」よりも「均分相続」が多い地域に相当する。

図16 正範囲ですらない図の例〔人口に比例して描いた関東地方〕

1都6県の面積を，それぞれの人口（2000年）に比例させて表現してある。

3 主題図におけるデータの記号化

1 地図記号の性格

　地図記号は，通常symbolと表現されていて，国際地図学会の用語集でもそのように記されている。しかし，記号論からいえば，地図記号はあくまで言語と同じくsign（記号）なのであって，ここを混同してはならない。

　例えば，「富士山は日本の象徴だ」というとき，概念的に富士山と日本をイコールで結ぶことはできない。象徴というのは，ある形象を借りて抽象的な心像をあらわすのに用いられるのに対し，地図記号はある事物や事象を概念的にイコールのものとして，指し示す働きをもっている。象徴としての「富士山」は「日本」とイメージのうえでつながっているのであって，概念としての両者は大きく隔たっている。にもかかわらず，地図記号がsymbolと混同されやすいのは，後に述べるように，記号をつくりだす際にイメージやシンボルを手掛りにする場合が多いからであろう。寺院をあらわす卍の記号，水田を示す‖の記号など，例を挙げれば枚挙にいとまがない。

　しかし，繰り返していえば地図全体の中で占める地図記号の役割はsignであって，言葉を換えていうなら，地図記号の果たす意味や役割は，絵画よりもずっと言語に近い。地図記号には簡単ながら〈文法〉のあるのがその証拠を端的に示している。

　以上は地図記号の基本的な性質について述べたまでであって，このことは地図記号を定める場合に，絵画の要素を排除するという意味ではない。図の明瞭性を高めるため，絵記号を用いることも多く，またイメージやシンボルを応用することの多いのも，先に述べた通りである。否，むしろsignが恣意的（任意）に決まるという記号論の立場からすれば，signの対極に空中写真のようなcopy（複製・模倣）を置いて，その中間にsymbolicな絵記号 pictorial・連想記号 associative・幾何記号 geometricを配置して考える方がわかりやすいかもしれない。一口でいえば，地図に用いられる記号は象形文字によく似ているということになろうか。そこには事物や事象との類似性を求める働きもあれば，偏と旁（つくり）の関係にみられるような，集合・集積を指示する法則を探すような働きもある。

2 点記号・線記号・面記号

　ところで，地図上に記載されているデータは，点データ・線データ・面データの三つに分けられる。それに対応して記号も点記号・線記号・面記号に3大別される。大半の地図では，点データは点記号，線データは線記号，面データは面記号というように単純な結びつき方をしている。

　ただし，両者は完全に対応するわけではない。点記号は点データのみならず，例えば，各都道

府県の人口や米の生産量を，それに応じた大きさの円であらわした地図のように，面データの表現にも用いられる。点記号が点データの表現に用いられる場合は，正しい位置に記載しなければならない（正位置図）が，点記号が面データをあらわす場合には，記号の中心の位置はあまり問題でなく，面の範囲内であればよい（正範囲図）。

また線記号は，河川や道路のような線データの表現のほかに，点と点，または面と面の相互の関係や結びつきを示すのに用いられることがある。例えば，何らかの商品の諸国間の貿易量を示す地図や，西ヨーロッパ諸国への外国人労働者の流入状況を示す地図などがそれである。貿易量や流入労働者数に応じた幅の線，つまり定量的線記号が用いられるが，その線に沿って物や人が移動したわけではない（つまりデータは定性データではない）。したがって，このような場合の線記号は，直線かあるいはなめらかな曲線が用いられる。

ことに前述の転換データの場合は，データと記号の関係は複雑であって，例えばドットマップの各ドットは，点データをあらわす点記号であるが，多くの点記号が反覆表現されることによって，面データをあらわすものともなる。また，等高線や等温線のような等値線は，線記号であるが，もとになるデータは点データである。

線記号は，土地利用の境界を示す線や地域区分の境界線のように，線データであるよりはむしろ面データを表現するものとして用いられることが少なくない。

このようにデータの種類と記号の種類とは，一応分けて考えた方がよい。

3 データの尺度

主題図上のデータは，既に述べたように，定性的なデータと定量的なデータに分けられるが，これはさらに計測の水準 level によって，次の表に示したような4つの尺度 scale に分けることができる。

データの尺度

水準		目的	特色
定性的	名目尺度	分類・命名	A＝B または A≠B の決定
	序列尺度	順序づけ	A＞B, A＝B, A＜B の決定
定量的	間隔尺度	等間隔の目盛づけ	(A－B)＋(B－C)＝(A－C) の成立
	比率尺度	絶対的原点からの等間隔目盛づけ	A＝kB, B＝lC ならば A＝klC の成立 (k≠0, l≠0)

（資料）池田央『行動科学の方法』東京大学出版会，1971などを参考にする。

名目尺度 nominal scale とは，都市起源を城下町・港町というように分けたり，工場を機械工場・化学工場などに分ける場合を指す。

序列尺度 ordinal scale とは，都市を大・中・小に分けたり，行政区界を都道府県界・市郡界・町村界に分ける場合を指す。

間隔尺度 interval scale の代表的なものは気温（摂氏・華氏）であって，等間隔に刻まれているが，原点は任意である。平均や標準偏差の算出は可能であるが，20℃は10℃の2倍の温度とはいえない。

比率尺度 ratio scale のデータは，加減乗除をもとにしたさまざまな統計量の算出が可能であり，多くの定量的データはこれに属する。

主題図上に表現されるデータも，以上の4種の尺度のいずれかに属している。このうち間隔尺度のデータと比率尺度のデータは，地図表現という面からはほぼ同じように扱うことができる。世界各地の気候を比較する場合，気候の要素として特に重要なのは気温と降水量の二つであるが，前者は間隔尺度，後者は比率尺度のデータであって，それぞれの数値のもつ意味は本質的に異なっており，したがって各地の1月から12月までの月別の平均気温と降水量をダイアグラムに描こうとすれば，前者は折れ線グラ

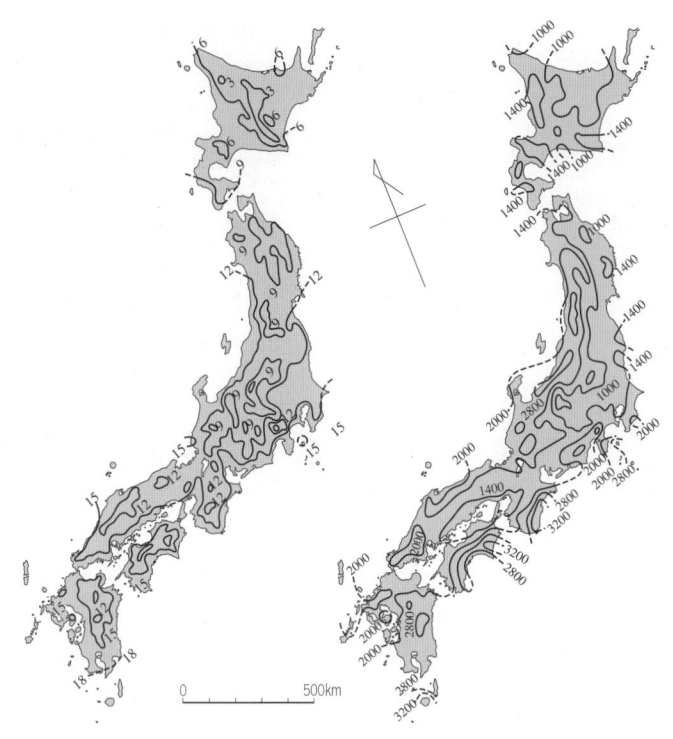

図17　間隔尺度と比率尺度の図例〔全国の年平均気温と年降水量〕

フ，後者は棒グラフで示すのが通例で，その逆は適切でない。しかし，地図上に等温線や等降水量線を描く場合，両者の性格に基本的な相違はない（図17）。地図表現の対象としては，間隔尺度のデータも比率尺度のデータとほぼ同じように扱うことができるので，本書では以下，両者を区別せず，合わせて間隔・比率尺度として考えることにする。

それよりも，地図表現を考える際に重要なのは，序列尺度のデータというとらえかたである。序列尺度のデータとは，例えば，アンケート調査で，①よい，②普通，③わるい，あるいは，①しばしば見る，②ときどき見る，③ほとんど見ない，④全く見ない，と分けて答えさせたり，コンクールで1位から6位まで順位をつけて評価したりという場合に相当し，そして統計処理においてスピアマンやケンドールの順位相関係数を算出できるようなものを指す。地図表現の場合には，例えば，都市や工場を大・中・小の3段階に分けて示す場合などがそれに相当する

が，このような場合，その根底には都市の人口や工場の従業員数のような数値的データが存在する場合が多い。すなわち比率尺度のデータを段階化したものに相当するのであって，その際，段階化のしかたとして，都市人口を10万人未満，10～20万人，20～30万人というように等間隔にきざむ場合と，20万人未満を小都市，20～50万人を中都市，50～100万人を大都市，100万人以上を巨大都市というように，不等間隔できざむ場合とがある。しかし，いずれの場合も，地図表現上は都市をあらわす点記号が，幾段階かに段階化されて示されることになる。

主題図上に表現される定量的データは，このように段階化されて示されることが少なくない。このような場合，それを本来の序列尺度のデータ（例えば地方自治体の役所を，都道府県庁，市役所，町村役場に分けてとらえたり，道路を国道，府県道，市町村道に分けて表現したりするような場合）と，地図表現上は同じようなものとして扱うことのできる場合が多いの

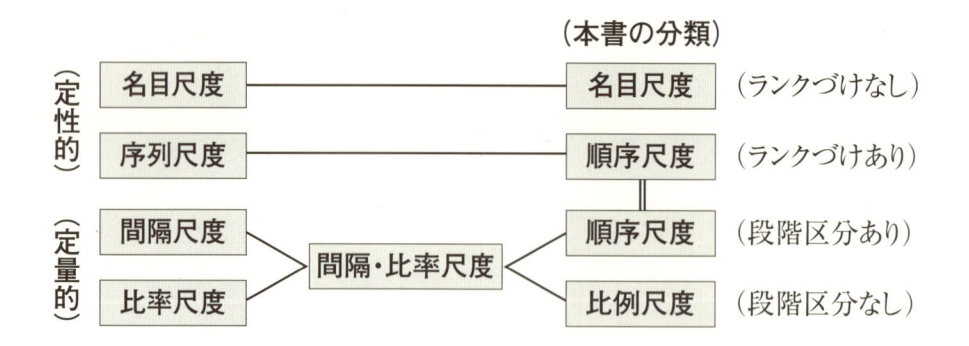

```
（本書の分類）
（定性的）  名目尺度 ──────── 名目尺度  （ランクづけなし）
          序列尺度 ──────── 順序尺度  （ランクづけあり）
（定量的）  間隔尺度 ┐                順序尺度  （段階区分あり）
                    ├ 間隔・比率尺度
          比率尺度 ┘                比例尺度  （段階区分なし）
```

で，本書では両者を一括して順序尺度のデータと呼ぶことにし，必要があれば両者を，定性的順序尺度，定量的順序尺度というように使い分けることにする。

以上の経緯を示したのが上の図である。本書では以下，この三つの尺度にデータを分け，これを点データ・線データ・面データという分類と組み合わせてとらえ，それぞれがどのような記号で表現されるかを検討していくことにする。

4　記号の視覚変数

自ら作り出すものも含めて考えると，地図記号は無限にある。さまざまな形があり，大きさがあり，色がある。これらを整理するために，地図学者や記号論者などの援用した概念が，視覚変数 (visual variable) である。記号を外観からわけようという試みで，記号のもっている基本的な属性はなにか，という問題でもある。

しかし，この問題に対する解答は混乱したままである。地図記号だけに限ってみても，すべての点・線・面記号をつらぬく属性を見つけるのは容易なことではない。

地図の〈辞書〉〈文法〉〈修辞〉を論じた際，アナロジーとして，地図の12のタイプは品詞であり，それぞれの活用形が違う，と述べた (12頁)。この論理を進めれば，視覚変数は地図のタイプごとに違う，といってもいいはずである。地図記号の活用形とは，外観から見れば，まさしく visual variable にほかならない。この考えに立脚すれば，点・線・面記号と名目・順序・比例尺度ごとに，記号の変数を調べていけばよいことになる。こうして作り上げたのが次頁の表である。表の中の◎は地図の本質的な部分で活用しなければならないもの，○は補助的な部分で活用できるもの，×は用いられないことを示す。

ここで視覚変数の一つ一つについて簡単な説明をしておこう。

① 「形」はおもに定性的なデータの表現に使用される。また，「形」には「変容」variation という副次的な機能もある。○●◎は最も簡単な○の「変容」例である。線記号の「形」とは，実線・破線・点線などの線種をさす。面記号はもともと「形（ひろがり）」を持っているので，この変数は適用されず，「形」にあてはめる③「模様」が表現の対象である。

② 「大きさ」はその中に「長さ」「個数」「太さ」を含み，おもに定量的なデータの表現に使われる。「太さ」は線記号の視覚変数である。面記号はもともと「大きさ」も持っているので，この変数の適用外である。「大きさ」は更に二つに分類しておくのが，地図表現上便利である。②'「大きさ（比例的）」はデータの数量に比例させて大きさを決めるもの，②"「大きさ（段階的）」はデータの数量に必ずしも比例させる必要はなく，単にランクづけをすればいいものとする。

③ 「模様」は元来，面記号の視覚変数である

視覚変数	点記号	線記号	面記号	名目尺度	順序尺度	比例尺度
① 形 shape, variety of line	◎	◎	×	◎	○	×
② 大きさ size, width						
②' 大きさ(比例的) proportional size	◎	◎	×	×	×	◎
②" 大きさ(段階的) ordinal size, graduated size	◎	◎	×	×	◎	×
③ 模様 pattern	○	○	◎	◎	×	○
③' 階調模様 ordinal density pattern	○	○	◎	×	◎	×
④ 濃淡 value	○	○	○	×	○	×
⑤ 方向 direction	○	×	×	○	×	×
⑥ 色 color	◎	◎	◎	◎	×	×
⑥' スペクトル spectre	◎	◎	◎	×	◎	×

が，記号としての表現内容の豊富さから，点記号や線記号にも補助的に用いられる。線を使ったもの，点や連想記号風のものを連続させてパターン化したもの，また線や点・連想記号を組み合わせたものなどがある。見た目の「濃度」が違い，「方向」を変えることで，非常に複雑な，しかし，豊かな表現要素をもち，定性データにも定量データにも用いられる。このうち，特に「濃度」による序列を重視し，順序尺度の表現に用いられるものが③'「階調模様」である。

④「濃淡」は前述の通り，「模様」によっても表現可能であるが，ここではアミ版による濃度表現に限定する。

⑤「方向」は点記号にのみ適用できる変数である。

⑥「色」は地図表現にとって最も大切な視覚変数である。製図のデジタル化によって，地図の媒体は紙だけに限られなくなった。パソコン，携帯電話，カーナビゲーションなどでは，RGBで無限に近い色合いを出すことが可能である。事情は紙地図でも同様で，製版・印刷技術の進歩だけでなく，プリンターの進化により，CMYKシステムでもすべての人が簡単に地図の彩色を行なえるようになった。⑥'「スペクトル」は太陽光の波長の順に並べた色を示し，順序尺度の表現に大事な役割をはたす。「色」や「スペクトル」の使い方を知るには多くの観点が必要なので，第10章でくわしく論じることにする。

以上，データの種類を分類することからはじめ，地図記号との対応を探り，データ計測の尺度を地図製図の観点から再編成し，視覚変数を定めた。こうしてできあがったのが**図18**である。この図表ができたことで，本書の目的は半ば達成できたことになる。本書の後半は，こうしてタイプ別に分けられた12の地図について，実際の運用を見ていくことになる。

視覚変数の表と**図18**を併せ見ると，興味深いことに気づく。まず，データの尺度と視覚変数の間には，かなりはっきりした対応関係の成り立つことが読みとれる。すなわち，名目尺度の活用には「形」と「模様」と「色」，順序尺度の活用には「大きさ(段階的)」と「階調模様」と「スペクトル」，比例尺度の活用には「大きさ(比例的)」というように，尺度と視覚変数はそれぞれが独自に，しかも密接な対応を示していることが見てとれるのである。なぜ，それぞれの尺度で視覚変数が限定されてくるのかといえば，それはデータの尺度によって，表現しようとする内容が異なるからである。これまでに「地図記号の活用形」という比喩を何度か使ってきた。データの性格によって地図記号の決め方が変わる，すなわち活用の形が変わるのは，次に述べる通りである。さらにいうなら，基本

表現内容		点記号		線記号		面記号	
		視覚変数	例	視覚変数	例	視覚変数	例
名目尺度のデータ	命　名 分　類 イメージ シンボル 集　合	形（含変容） 　絵記号 　連想記号 　幾何記号 　その変容 　その合成 模　様 方　向		線　種 模　様		模　様	（模様の決定手順） ① 慣用例にしたがう ② イメージ・シンボルを 　 尊重する ③ 面の広さを顧慮する
順序尺度のデータ	定性的順序づけ 　古い―新しい 　本線―支線 　府県―市町村 定量的データの 段階区分による 順序づけ 　大―小 　多―少 　高―低 　密―粗 　増―減	大きさ（段階的） 形（含変容） 大きさと形 （段階的） 階調模様 大きさ（段階的） と階調模様 濃　淡 大きさと濃淡 （段階的）	（大きさは必ずしも量に 比例しなくてよい。）	太さ（段階的） 線　種 太さと線種 （段階的） 階調模様 濃　淡	（太さは必ずしも量に比例しなくてよい。 移動を示すときは矢印を加える。）	階調模様 濃　淡	（順序パターンは濃度を基 本にして方向を加味する。）
比例尺度のデータ	数量に比例した表現	大きさ（比例的） 　一次元 　　（個数） 　　（長さ） 　二次元 　　（面積） 　三次元 　　（体積）		太さ（比例的） （移動を示すときは矢印 を加える。）		太さ（比例的）	
	ダイヤグラムを併用	大きさと模様 （比例的） 　一次元 　二次元		太さと模様 （比例的） （移動を示すときは矢印 を加える。）		太さと模様 （比例的）	

図18-1　データの種類別にみた記号の表現例（主題図）〔その1〕

	表現内容	ドットマップ	等値線図	メッシュマップ
転換データ	均一の表現を反復することによって、データの性格を転換	大きさと個数 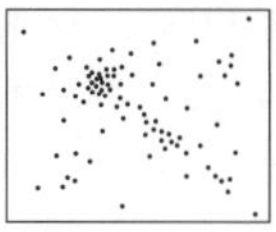 ドットの代わりに他の点記号も使えるが、その可能性は限られる。	大きさ（各線の値） 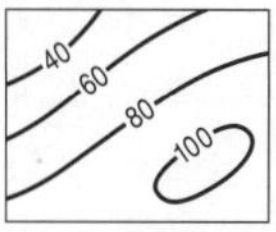 階調模様  等値線の間の面を、順序尺度の面記号を用いて埋めることができる。	模様 階調模様 大きさ 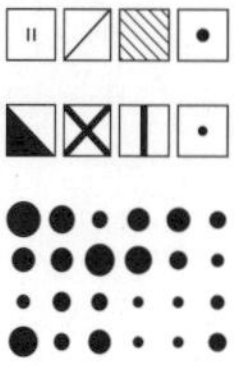 各メッシュのデータは名目・順序・比例尺度のすべてがあり得る。

図18-2　データの種類別にみた記号の表現例（主題図）〔その2〕

的に《文法》という言葉で伝えたかったのも，この内容につきる。

　名目尺度のデータが表現したい内容は，まず事象を分類することである。そこで事象が容易に連想し類推できるような「形」「模様」「色」をシンボリックに用いて，地図としてのコミュニケーション能力を高めようとするのである。

　順序尺度のデータが表現したいのは，事象のランクづけをすることであり，「大きさ（段階的）」「階調模様」「スペクトル」を援用して地図に表現する。

　比例尺度のデータは事象の絶対量を示したいわけである。そこで，これを地図に表現するため，もっぱら「大きさ（比例的）」を用いることになる。

　転換データの3図は，反復表現によって情報を伝えるのが特徴である。ドット図はある単位値のドットを繰り返して配置し，結果としてさまざまな事象の分布状況（粗密）をあらわす。等値線図は一定の数値をもった等値線を何本も配置することにより，等値線の分布（間隔）をもって，さまざまな事象の傾斜区分を推定させる。メッシュ図では，一定間隔で仕切られたメッシュ（グリッド）を1単位として反復表現する。定性・定量を問わず，様々な情報は1つのメッシュを1つの代表点として表現し，そのメッシュが連続することによって，事象の分布状況が，いわば模様のように浮かび上がるシステムをもっている。

　なお，主題図の表現を分類したこの図表に，一般図を当てはめるとどうなるか。この興味あるテーマを図化したのが図19である。主題図と比べると，一般図には著しい特徴のあることがわかる。この図は国土地理院発行の平成14年2万5千分の1地形図図式を分類したものであるが，その表現はほとんど定性的なものに限られていて，定量的な表現は，ごく一部にみられるだけである。線記号で順序尺度のデータを使って道路の序列をあらわし，比例尺度のデータで三角点，水準点，標高点の数値を示しているのがそうである（三角点，水準点などの記号のみを取り上げれば名目的であるが，標高数字を含めて考えると，比例尺度のデータ表現となる）。ほかには地図帳などで，都市を人口に応じて段階表現する例も挙げられる。しかし，一般図の図式の中では，名目尺度のデータ表現が圧倒的に多い。2万5千分の1地形図では，このほかに転換データとして等高線や等深線が表現されているが，図18と図19を比べると，表現すべきデータは，主題図の方がずっと多彩であることがわかる。

　地図はこれまでさまざまに名づけられてきた。地質図，土地利用図などは地図の主題で名づけた例であり，仮製2万分の1地形図，正式2万分の1地形図などは縮尺と地図作成の経緯をとって名づけている。もう一つは地図表現の

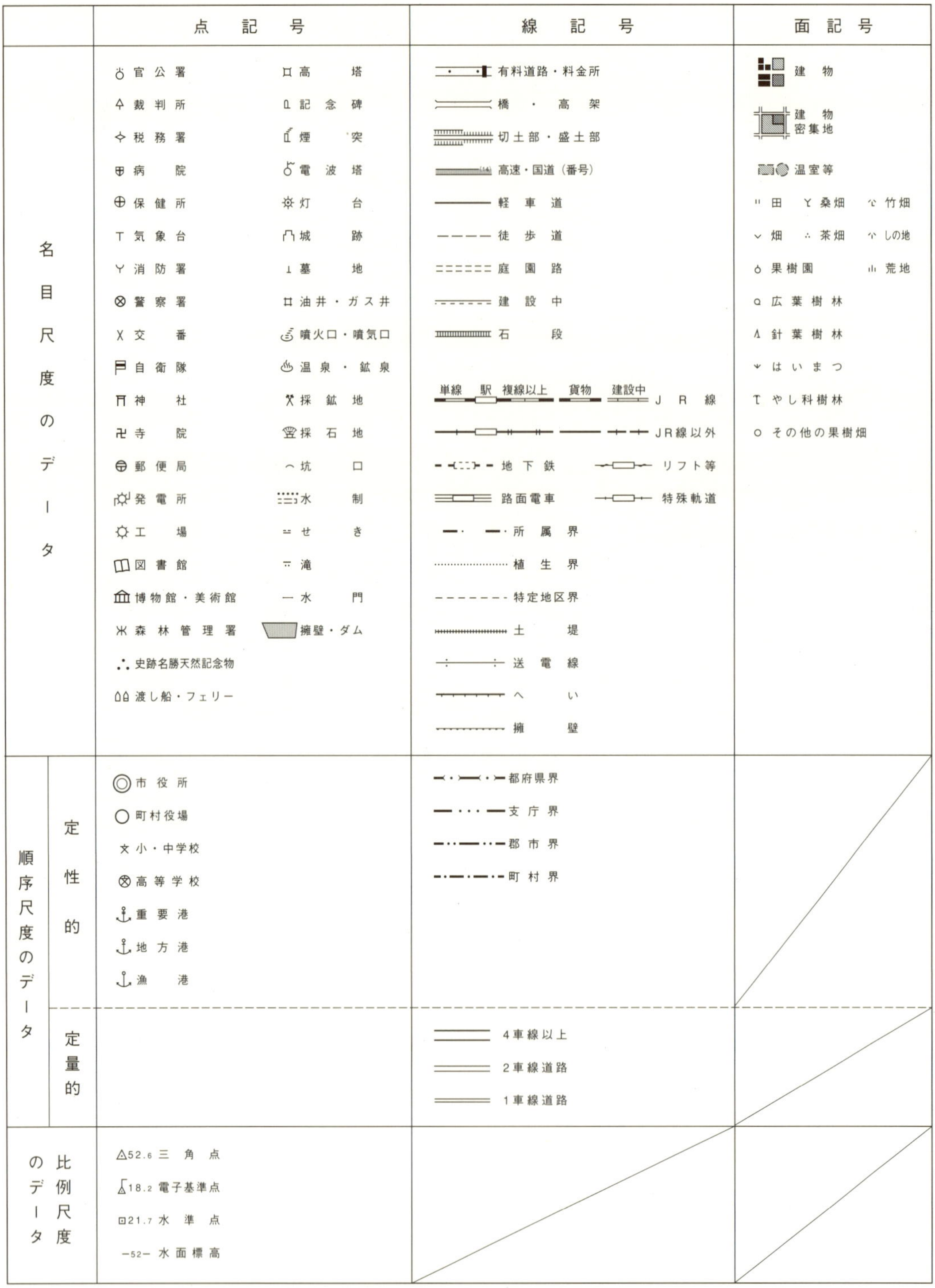

		点　記　号		線　記　号		面　記　号
名目尺度のデータ		官公署 裁判所 税務署 病院 保健所 気象台 消防署 警察署 交番 自衛隊 神社 寺院 郵便局 発電所 工場 図書館 博物館・美術館 森林管理署 史跡名勝天然記念物 渡し船・フェリー	高塔 記念碑 煙突 電波塔 灯台 城跡 墓地 油井・ガス井 噴火口・噴気口 温泉・鉱泉 採鉱地 採石地 坑口 水制 せき 滝 水門 擁壁・ダム	有料道路・料金所 橋・高架 切土部・盛土部 高速・国道（番号） 軽車道 徒歩道 庭園路 建設中 石段 単線　駅複線以上　貨物　建設中 地下鉄 路面電車 所属界 植生界 特定地区界 土堤 送電線 へい 擁壁	JR線 JR線以外 リフト等 特殊軌道	建物 建物密集地 温室等 田　桑畑　竹畑 畑　茶畑　しの地 果樹園　荒地 広葉樹林 針葉樹林 はいまつ やし科樹林 その他の果樹畑
順序尺度のデータ	定性的	市役所 町村役場 小・中学校 高等学校 重要港 地方港 漁港		都府県界 支庁界 郡市界 町村界		
	定量的			4車線以上 2車線道路 1車線道路		
比例尺度のデータ		△52.6 三角点 18.2 電子基準点 □21.7 水準点 -52- 水面標高				

図19　データの種類別にみた記号の表現例（一般図）

主題図に比べて地図記号の偏りが甚だしい。大半が定性的なデータである。2002（平成14）年の図式では凡例にあがっていないが，等高線は転換データのうちの等値線図にあたる。

形態を名づけたもので，分布図，流線図，色相区分図など，かなりの数にのぼる。

さきほどの**図18**にあてはめてみようとすると，1対1対応をするのは「路線図（名目尺度の線記号図）」「コロプレス図（順序尺度の面記号図）」「カルトグラム（比例尺度の点記号図）」と転換データの「ドット図」「等値線図」「メッシュ図」くらいである。

一方では，一つの呼び名がいくつものタイプに重複することもある。ひとつは命名に問題があるケース。「位置図」「記号図」の類である。すべての地図は位置をもち，記号で表現されている。この呼称は12のタイプすべてにあてはまる。「分布図」もこれに近い。名目尺度なら点記号図にも面記号図にも当てはまる。順序尺度の点記号図に用いられ，場合によってはドット図の意味で使われることもある。

命名はよいが別の問題を生じるケースもある。「流線図」では順序尺度の地図か，比例尺度の地図かわからない。「ランキング図」もそうである。この名前では順序尺度の地図全般に当てはまってしまう。12の分類が絶対的というつもりはない。しかし，この図表を契機に，主題図のテーマと同時に，表現形態が具体的に想像できるような地図の命名を期待したいと思う。

5　記号表現の自由と拘束

ここで地図記号表現の自由と拘束についてふれておきたい。

主題図において記号表現は基本的に自由である。表現形態の面から考えても，町村界をあらわすのに，どのような線記号を用いようと，それを特に制限するものはない。水田をあらわすものも ‖ とは限らない（9頁参照）。また表現内容から考えても，1点鎖線は町村界，市郡界，府県界，その他の区画線，ある経路を示す路線など広く用いることができる。‖ の記号も水田にのみ使われるのではない。例えば，気候図でステップ気候をあらわすのに用いられることもある。

ただし，無制限に自由かというと，そうではない。そのことを理解するには，図式と地図記号の違いを頭に入れておく必要があろう。いうまでもなく，図式とはある1枚の地図をセットとしてみた場合の地図記号の集まり（および注記，図枠などに関する規程）を指すが，地図記号とはそれらを個々にみた場合を指す。

拘束は図式としてみた場合に生じるのである。例えば，図の中に市郡界と町村界があって，これを区別しなければならない場合，上位記号と下位記号を入れ替えることはできない。表現の内容に序列がある場合，表現の形態もそれに対応しなければならないのである。水田の記号と畑の記号を逆に用いることもない。これは表現の内容とその形態が，慣用やイメージと結びついた例である。拘束を逸脱すると，地図としての意味が通じにくくなる。

以下，記号表現について，データおよび尺度（これは表現の内容にかかわる）と点・線・面記号（これは表現の形態にかかわる）を組み合わせて，順次考察していくが，組み合わせによって自由と拘束の性質が違ってくる。言葉を換えれば，拘束とは〈文法〉であり，自由とは〈修辞〉である。問題の性質上，まず意味を通じさせることが先決であり，論点はどうしても拘束＝文法に重点をおくことになるが，修辞についても随時取り上げることにする。

点記号の表現　4

　点記号では「形」「大きさ」「模様」「濃淡」「方向」の五つの変数はすべて与件となる。データの尺度に従い，順次その表現について述べる。

1　名目尺度の点データの表現

　名目尺度の点データに用いられる視覚変数は，「形」「模様」「方向」の三つである。他の要素は何らかの量や比率を暗示するため，使わない方が無難である。

　名目尺度では「aはaであってbではない」（論理学でいう同一律）を記号表現のうえで守ることが唯一の〈文法〉である。もっとも，さまざまのデータがばらばらに取り上げられる場合は比較的まれで，それぞれがいろいろな集団に分かれ，それがさらに小集団から大集団へと階層化されているケースも多い。その際，問題になるのは記号の系列化・系統化である。これも〈文法〉の一つとして取り上げるべき課題であろう。

　同一律の文法を守るためには，「形」を変えて表現するのが基本である。名目尺度のデータを表現する点記号には，大別して絵記号・連想記号・幾何記号があるが，地図記号はsignであることを考えると，三つの記号表現の間には全く優劣はない。要は地図の明瞭性＝読み取りやすさを実現するために何を選ぶか，ということであって，それは取り上げるデータの数，集団化の度合，基図に用いられている他の点記号との兼ね合いなどによって自ずから選択の幅は決まってくる。早い話が，いろいろなデータ集団がある場合，単色の絵記号によってそれらをグループ分けすることは，非常に難しい。点記号の中で最も簡単に系列化をはかることができるのは，幾何記号である。視覚変数の「形」には「変容」という補助の変数があって，それは例えば○という基本の形に小さな丸を加えて◎

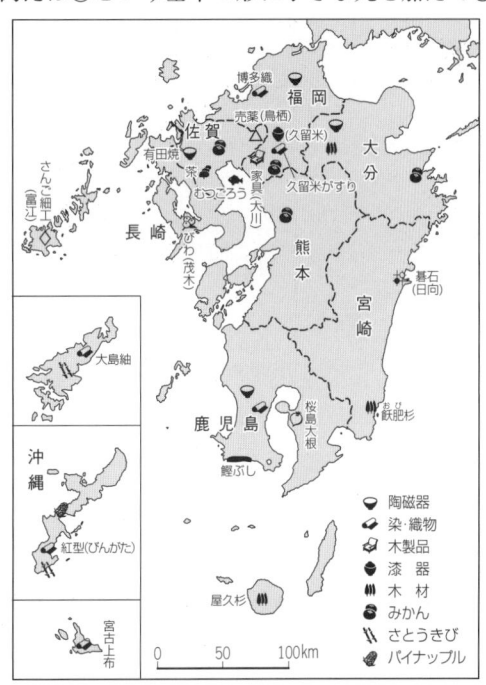

図20　絵記号を使った図例〔九州の特産物〕

絵記号の利点は，一目でそれが何をあらわしているかがわかる点である。ただこれにも適当な凡例の数があり，多すぎると絵記号はかえって図をわかりにくくする。

日	神社	⊥	墓地	⚓	海水浴場	‖‖‖	水田
卍	寺院	⚓	港	✱	機械工業	○ ○	果樹園
凸	城跡	☼	灯台	▲	化学工業		草地
◠	窯跡	⚲	バス停留所	❀	原子力産業		竹林(薮)
✕	戦跡	♀	ゴルフ場	♯	油田	————	鉄道

図 21　連想記号の例

　連想記号と絵記号の境界は，そうはっきりしたものではない。どちらかといえば，連想記号は事象の一部を象徴的に使ったものが多い。名目的なデータをいくつも表現するには，このような用い方が便利なのである。連想記号は点記号だけでなく，例に挙げたように，線記号や面記号にも用いられる。

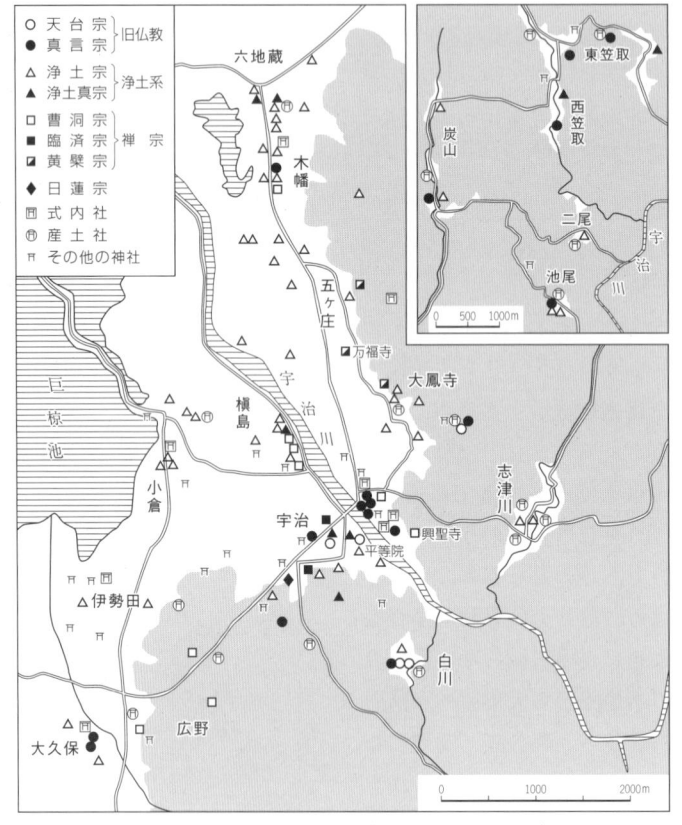

図 22　記号の集団化の例〔寺院の宗派と神社〕
（宇治市史年表の原図により作図）

　宇治市域における近世の寺院と神社の分布である。ごく単純な集団化，階層化の例であるが，一目で浄土系の寺院の進出の著しいことがわかる。

　の形にしたり，点を加えて●にしたり，十字を加えて⊕を作ったりする。同じことは□や△についても可能で，ここに○□△を基本形にしたそれぞれのグループができるわけである。これに「方向」の要素を加えて◇と□や▽と△も同一グループに属するとみなすことも可能である。グループが複雑になれば，注記文字の書体や字形を変えること，文字を囲む枠を変えることなども援用して種類を多くすることができる。

　注意すべきは絵記号・連想記号・幾何記号の三つを同じ図中で併用する場合である。絵記号

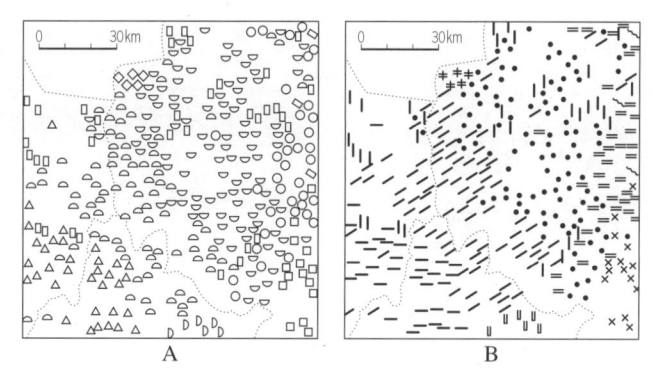

図23 「方向」を「形」の代用とした例
（ベルタンの原図により作図）

オートボルタ共和国のトウガン地方における住民集団の分布を示した図の一部である。形を基本に分類したAは全体としての密度はわかるが、住民集団を識別するのは容易ではない。これに比して、方向を基本にしたBの描き方は非常にわかりやすい。（多色図は88頁）

と連想記号はその境界がやや不分明であるが、幾何記号は記号としての質が違い、それによってあらわされる名目データも集団を異にすると解釈されるおそれがある。したがって、これの併用には慎重な態度が必要である。

「模様」による名目データの表現としては、点記号を○□△などであらわし、その中にさまざまな「模様」を入れる手段が考えられるが、これはデータが複合している場合に有効であろう。

注目すべきは「方向」の変数を「形」の代用として使うことを提唱しているベルタンの方法である。図23をみる限り、その正当性は認められる。

2　順序尺度の点データの表現

順序尺度の点データを点記号であらわすには、「形（およびその変容）」「大きさ（段階的）」「階調模様」「濃淡」が主要な視覚変数となる。定性的なものと定量的なものとの間で、特に差異はない。序列を表現するのが最大の眼目なので、「大きさ（段階的）」に関しては大きいものから小さいものへ（あるいはその逆）、「濃淡」に関しては濃いものから淡いものへ（あるいは

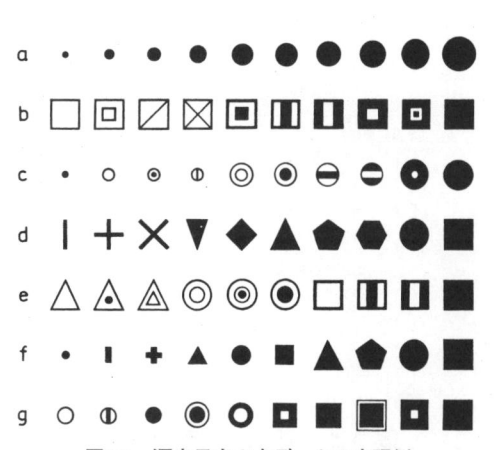

図24 順序尺度の点データの表現例
（アルンベルガーによる）

その逆）と配列する。序列というのは、同じカテゴリーの中での話なので、視覚変数としての「形」も、もっぱら「変容」の機能が大切になる。すなわち○の「形」の中で●◉◎◉○……といった使い方をするわけである。この例は「濃淡」の変数を満足させている、と考えることもできる。○の大きさを変えて序列をあらわすことも数多くあって、その場合は「大きさ」の変数を用いていることになる。

概していえば定性的な順序尺度のデータは「形」の「変容」を用いることが多く、定量的な順序尺度のデータは「大きさ（段階的）」を使うことが多い。

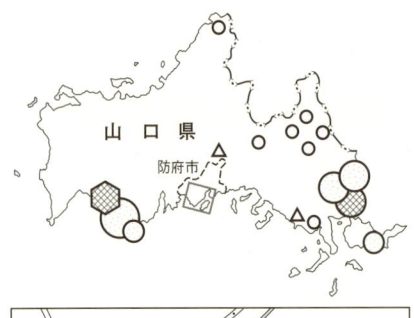

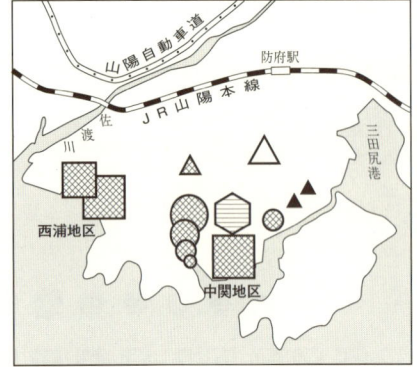

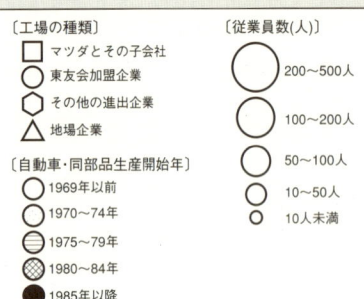

図25　「大きさ（段階的）」「形」「階調模様」の複合表現〔山口県および防府市の自動車工場(1990年)〕（友澤和夫の原図により作図）

形で工場の種類，階調模様で生産開始年を表現し，大きさで工場の規模をあらわしている。

「順序パターン」や「濃淡」を変数として用いる順序尺度のデータの代表的な例は，定量的なものの中でも，比率を段階的にあらわそうとするケースであろう。各地の工業都市での労働組合の組織率を表現する際には，都市の位置に〇をおとし，その中を何段階かの濃度で分ける。このようなデータは「形」でも「大きさ（段階的）」でも表現しにくいものである。濃淡のあらわし方は模様によっても，アミによっても可能であるが，表現できる段階はある程度限られている。その用い方は順序尺度を表現した面記号の場合と同じである（49～52頁参照）。

3　比例尺度の点データの表現

比例尺度の点データをあらわす際の視覚変数としては，「大きさ（比例的）」の占める割合が圧倒的に高い。「大きさ（比例的）」のあらわしかたには，1次元（長さ・個数），2次元（面積），3次元（球・立方体などみかけの体積）の3種類がある。比例尺度のデータの場合は絶対値を表現する必要があるので，普通は最大値と最小値の幅をみて，何次元の表現を用いるかを決める。すなわち値の幅の大きいものは3次元，値の幅の小さいものは1次元，その中間のものは2次元の表現を用いるのがわかりやすい。

いずれの場合も，量を比例的にあらわす基になる1単位の記号の大きさを決めなければならないが，それはデータを提供した地点のばらつき具合を考慮しなければならない。地点間の距離に対して，大きすぎる記号や小さすぎる記号

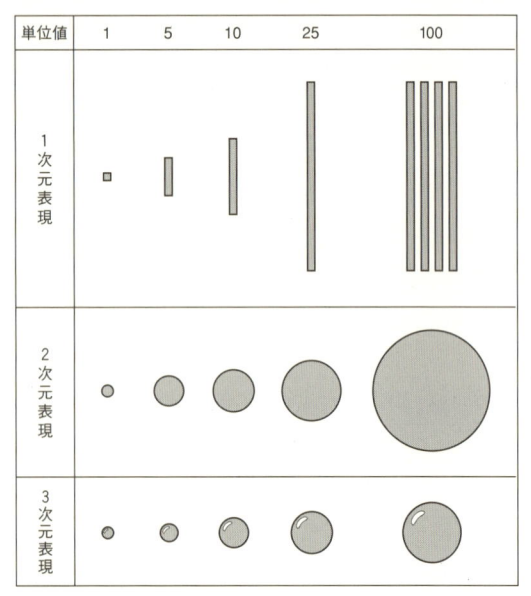

図26　「大きさ（比例的）」による比例尺度の点データの表現例

1・2・3次元で図形のみかけ上での大きさはこんなに違う。1次元の100の単位は，本来1本の線で示すべきであるが，スペースの関係上4本に分けた。しかし，これでは長さの尺度がやや面積比に近づいて，25の単位との差があまり明瞭でない。3次元記号の白の部分は，球に左上から光が当たって光っているという印である。

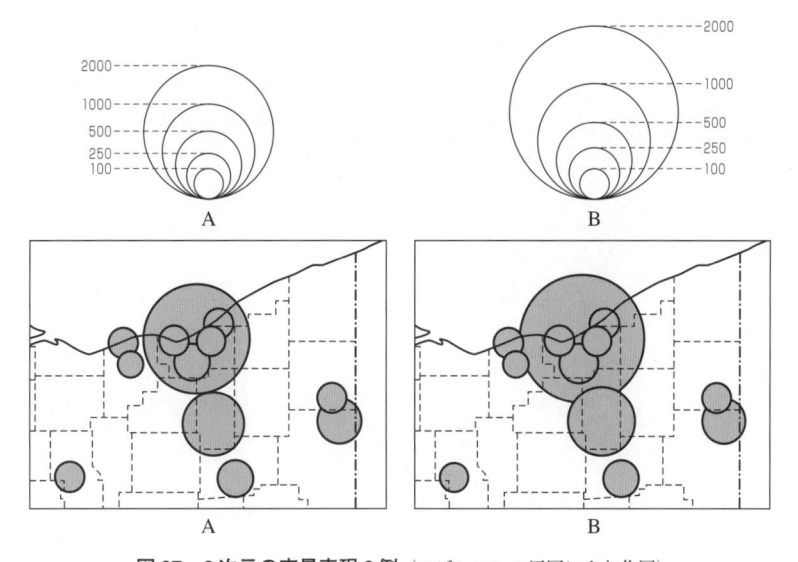

図27　2次元の定量表現2例（ロビンソンの原図により作図）
Aは平方根法、Bは心理学的方法による図例と凡例である。図はオハイオ州北東部の都市人口を示している。

は，図の美観をそこね，読み取りを困難にする。

1次元の表現は長さや個数を基準にするので，図化に当たって特別の困難はない。ただ，例えば立方体を積み重ねた形で個数をあらわす場合があり，これは一見3次元の表現にみえるが，実は1次元での記号化なので注意を要する。わざわざこのような表現をするのは，テーマの量をよほど強調したい場合のみに限る方がいいであろう。

2次元の表現は面積を基準にする。例えば，量を円の面積比であらわす場合，データが1：2であるなら，円の半径を1：$\sqrt{2}$にして実際に面積を1：2とするのが普通である。**図28**における溜池の貯水量も，この方法であらわしている。しかし，ここに厄介な問題が生じている。つまり，このようにして表現しても，読者は大きい方の円を小さい方の円の2倍にはみないで，それよりは過小に見積もるという心理学的な結果が出ているのである。これに対応するために，円記号の半径の決め方として，①データの常用対数を求め，②それに0.57をかける，という手順をへて，その数値を円記号の1単位に比例させる，という方法をとることがある。**図27**を参考にされたい。

なお，このような錯覚は特に円記号に強くあらわれ，他の形（例えば正方形）ではそれほど顕著にあらわれない，といわれている。

修辞上の問題としては，量をあらわす円などの記号が互いに重なり合うときの表現法がある。地点間の距離をいくら考慮に入れて記号の大きさを決めても，重複するケースはかなり頻繁に生じる。その場合，小さい円が大きな円の背後にかくれてしまうような表現をすることはない。小円が大円をかくす形か，あるいは両方とも重なり合ったままの形を描くかのいずれかである。どちらをとるかは，重なっている円の数，円の大きさの差，重なりの程度（少し重なっているか，多く重なっているか）などの要素による。**図27**と**図28**では小円でうしろの大円をかくしている。

3次元の表現は（みかけの）体積を基準にしている。表現法としては球を使うことが多く，最大値と最小値の幅が大きいときに図化しやすいという利点があるが，ただ，これは円記号の場合よりも，データ数値ははるかに過小に見積も

4　点記号の表現

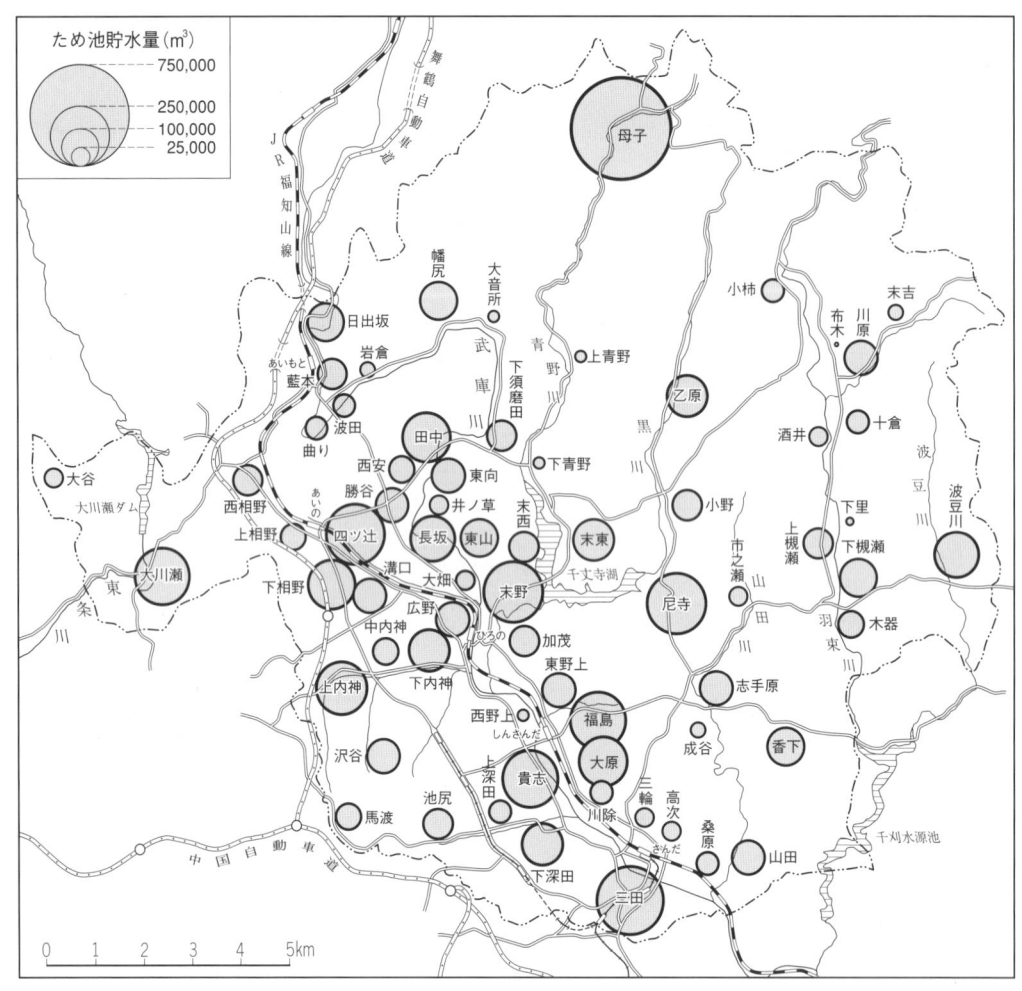

図28 比例尺度の点データ地図〔三田市の農業集落別にみた溜池の貯水量〕
(三田市史第10巻による)
各農業集落の中心位置に円の中心を置き,平方根法によって表現している。

られ,量を正確に伝えることはほとんど期待できないことがはっきりしている。図のスペースがあいていれば,データ数値を記号にそえるなどという手段も考えられるが,それでは地図化する意味は単に位置や範囲を示し,相対的な大小をあらわすだけにとどまる。3次元の表現法については,まだ決め手はななく,当面のところ,立方根で球の半径を決めるか,まだ錯覚の少ないといわれる立方体を用いるなどの工夫にとどまらざるをえない。

以上はデータが単一種類の数値を示しているときの表現法である。2種類以上の数量的データの組み合わせや構成比率などを示そうとするときには,さまざまのダイアグラム diagram が用いられる。ダイアグラムとは何らかの事象に関する数量的なデータを図形的に表現したもので,一般的な用語でいえば,棒グラフ,折れ線グラフ,面積グラフ(帯グラフ,正方形グラフ,円グラフ),配分円形線グラフ(星形グラフ)などと呼ばれているものを指す。ダイアグラムはそれだけで単独にも用いられるが,主題図の中でも用いられる。図29は,点データを示す点記号的なダイアグラムの例であり,これらの中には面データを示すのにも用いられるものがあ

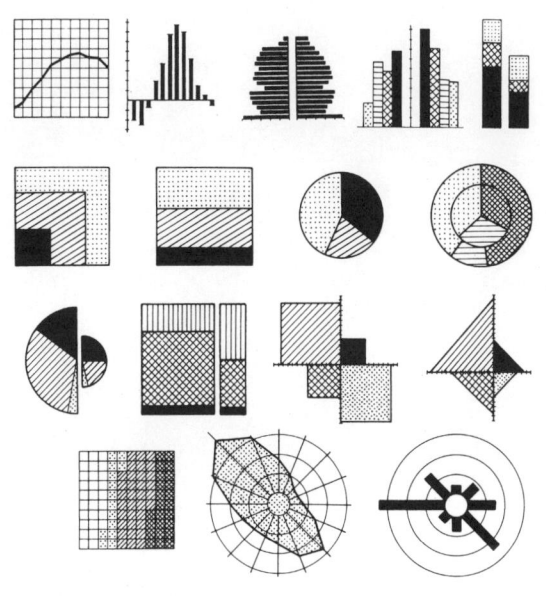

図29　点記号的に用いられるダイアグラムの例
（アルンベルガーによる）

これらのダイアグラムのなかには，点データのほか面データの表現にも用いられるものがある。

る。主題図の中で用いられるダイアグラムは，なるべく単純でわかりやすいものがよい。最もよく用いられるのは円グラフである。それは，円の大きさで絶対量の大小を示し，さらに円の内部をいくつかの扇形に分けることによって，その内容の構成比率を示すことができるからである(7頁の図4)。同じ目的で帯グラフを用いることもできるが，点データの場合，その点の地図上の位置を明確に示すには，円グラフの方が適しており，また構成比率を円の中心における扇形の角度で，読み取れるという長所もある。ただし円グラフの場合，円記号(単一種類の数値を示す)のように二つ以上の記号を重ねることは困難である。

線記号の表現 5

　線記号の視覚変数としては，「線種（点記号の「形」に相当する）」「太さ」「濃淡」「模様」があげられる。しかし，この中で特に重要なのは，定性データに対しては「線種」，定量データについては「太さ」である。ほかに一般図では可視的なものを実線，不可視的なものを分断された線（破線，点線，鎖線など）であらわすことが基本になっている。主題図の場合は，機械的に当てはめるわけにはいかないが，考慮すべき原則の一つであることに変わりはない。

1　名目尺度の線データの表現

　地図の中で名目尺度の線データは数多く表現されている。特に一般図においては地形に関するもの，境界に関するもの，交通に関するものなど，多くのデータが線記号で表現されている

```
─────────── 実　　線
─ ─ ─ ─ ─ ─ 破　　線
・・・・・・・・・・・ 点　　線
─・─・─・─・─ 1点鎖線
─・・─・・─・・─ 2点鎖線
─○─○─○─○─ 鎖線の変容
─×─×─×─×─     〃
─│─│─│─│─     〃
══════════ 複線（実線）
═ ═ ═ ═ ═ ═ 複線（実線と破線）
─┼─┼─┼─┼─ 実線の変容
             〃
━━━━━━━━━━ アミ線（実線）
━ ━ ━ ━ ━ ━ アミ線（破線）
```

図30　いろいろな線記号

（一部は順序尺度でとらえられているが）。名目尺度の線データを表現する視覚変数としては，「線種」「模様」があるが，まず「線種」によって区別するのが基本である。

　線には実線・破線・点線があり，破線と点線を組み合わせた鎖線（1点・2点鎖線など）のあるのはよく知られている。これに単線・複線の区別を加え，鎖線や点線の点に当たる部分に小さな○や×を使うことによって，線の種類をふやすことができる。特殊ではあるが印刷物にはアミ線を使用する例もある。注意すべきは線の太さをあまり変えることができないことである。「太さ」という視覚変数は数量を暗示し，後に述べる定量的線データを表現した「流線図」の基準になるからである。

　もう一つ留意しなければならないのは，実用的な線の種類は限られているということである。線の種類はいろいろな組み合わせによって無制限に考えられるが，製図の難しいものを無理して使うことは，図を複雑にし，かえって図の「明瞭性」を失わせることになりかねない。

　定性的なものを示す記号では「aはaであってbではない」という同一律を守ることが原則であると述べた(33頁)。しかし，主題図の中では例外的に同一律をやぶることの多いのが名目尺度の線記号である。つまり異なる内容に対して，同じ線記号（例えば実線）を用いる場合がでてくる。実用的な線の種類が少ないからである。この場合は凡例で線記号の説明をすることは不

可能なので，線にそえる注記によって補助的に区別する。

「模様」を用いるにはある程度，線記号の幅を太くしなければならない。ということは，使うことのできる例はかなり制限されるとみなければならない。

ここで破線・1点鎖線・2点鎖線などの線分の長さと空隙の問題に触れておく。これは〈文法〉ではなく，〈修辞〉の領域の問題である。線分の長さと空隙の比率をどのように設定すればよいのか，を考えるとき，視覚的にどれが美しいかという設問をするよりは，よく似た線（例えば1点鎖線と2点鎖線）が並んだ場合，どの比率の線が最も弁別しやすいか，を基準とした方が筋道はつけやすい。線分や空隙の長すぎるものや短すぎるものが，弁別に不利であることは確かであろう。結果として弁別のつけやすい線は，美しく見えるであろうことも確かである。**図31**にあげた線分と空隙の比率は，おそらく長年の経験から出た一つのモデルに違いない。

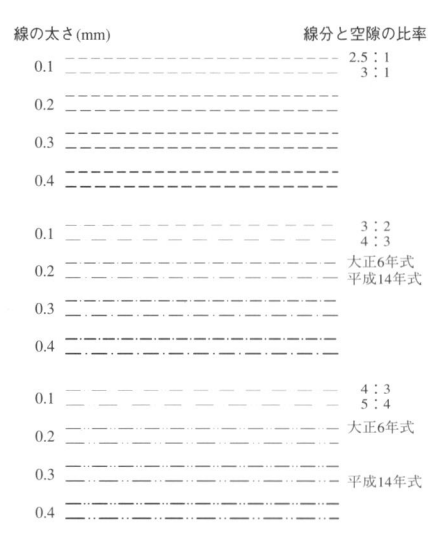

図31　線記号における線分と空隙の比率

線の「太さ」に対し，線分と空隙の比率をどのようにすれば，記号として美しく，また読み取りやすいであろうか。長年の経験に裏打ちされたモデルがこの中にある。

2　順序尺度の線データの表現

定性的な順序尺度の線データとしては，一般図における国道・主要地方道・府県道・市町村道などの序列，府県界・市郡界・町村界などの序列がある。

この場合の視覚変数はやはり「線種」を基本に「太さ」が加味されている。

線データが概念的に上位－下位の区別ができるならば，上位のものほど線が目立たなくてはならない。そのためには「線種」だけでなく，「太さ（段階的）」などを補助的に取り入れる必要がでてくる。ここでは一般図の縮尺による変化の例（**図32**）をあげて，これが記号として上位－下位の概念に適合することを指摘しておく。**図33**は道路の整備状況を年代順に表現している。年代の古いものほど濃く，新しくなるにつれ淡くあらわされていて，整備がどのような順序でほどこされてきたかがよくわかる。

定量的な線データを表現した図は，普通「流線図」と呼ばれている。地点や地域間の物や人の移動をあらわすことが多く，輸送量図のように移動の道筋を辿って表現するものと，貿易量

縮尺例	都道府県界	道　路
5万分の1		
20万分の1		
100万分の1		
200万分の1		
1000万分の1		

図32　一般図における線記号の縮尺別変化（順序尺度との類似）

一般図では縮尺が小さくなるにつれて，線記号は簡略化され，目立たないように表現される。縮尺による表現の違いを重要度に置きかえて考えれば，この変化は主題図における順序尺度の表現に援用できる。

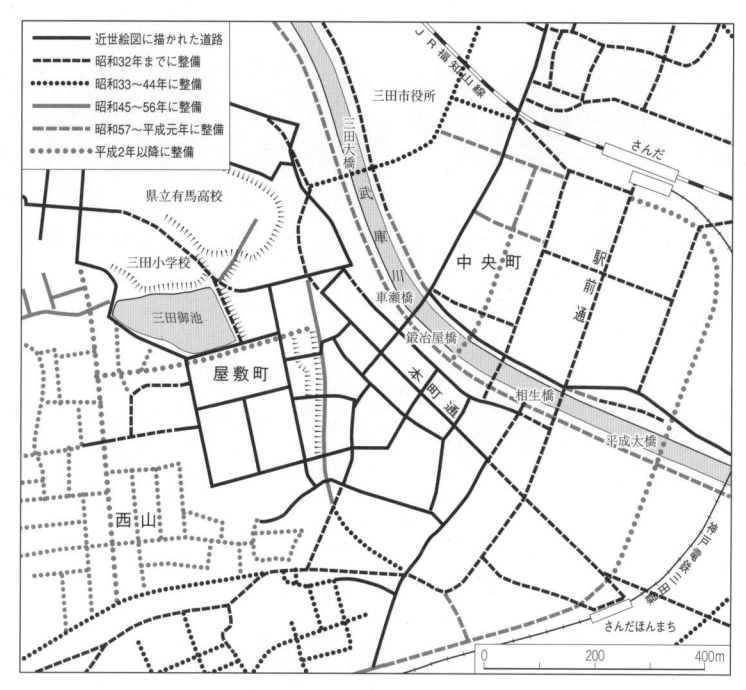

図33　順序尺度の線データ地図〔三田市中心市街地における主要道路整備〕
（三田市史第10巻による）

図のように単に点と点，点と面，面と面の結びつきだけを示すものとに分かれる。前者はルートが確定したもの（路線――すなわち定性データをかねている）に多く，後者は種々のルートがあって数量のみを図化したい場合（単につながりを示す図になっている）によく用いられる。

流線図における最大の視覚変数は線の「太さ」である。ただ，順序尺度においては，データが段階区分されるため，線記号の太さを数量に比例させる必要がない。段階表示であるため，実線であらわす太さ（段階的）のほかに破線・点線など「線種」を用いることもできるのが特徴である。その意味では順序尺度の点データの場合と同じように，線データでも最大値と最小値の差が大きいときに用いるのに適した表現であるといえる。

しかし，線の太さが数量の比例表現になっていない以上，ある一定の幅をもった線を「比率」で分けることは意味がない。

流線図で注意すべきことといえば，点と点，点と面，面と面の結びつきを示す場合に線が錯綜しやすいことである。図化する際の視覚変数として「太さ」に頼る度合いの大きいことが，この傾向に拍車をかけることになる。そのための対策としては，①データの整理を十分にして順序尺度化する，②図を何枚かに分ける，③単なる結びつきを示すだけなら点や面の位置，広がりを矛盾のない程度に模式化する，④1点（面）からいろいろな方向の面への移動を示すものならば，面記号化することなどが挙げられる。

3　比例尺度の線データの表現

これも一般に「流線図」と呼ばれることは前述した通りである。ただし，順序尺度の「流線図」と違って，視覚変数の「太さ（比例的）」は数量データの比例表現になっている。したがって線記号を分割して，データの比率を表現することができる。実用の観点からいえば，この種

5　線記号の表現　43

の地図で単に数量の表現にとどまるものは少ない。それならば，データを表にして示すのと大差ない，とさえいえる。その意味からすれば，分割表現できることは図をもって語らせることのできる内容が大きくふえることである。

線を分割した場合は「模様」でそれぞれを区別する。ただ，幅は概して狭いのでごくおおざっぱな模様しか使えない。

比例尺度の「流線図」の問題点があるとすれば，「太さ（比例的）」という視覚変数が意外に読みとりにくく，錯覚を起こしやすいことであろう。それを解消する手段として，図35のように単に方向や結びつきを示す線記号と，数量を示すグラフのような点記号に分解することが考えられる。

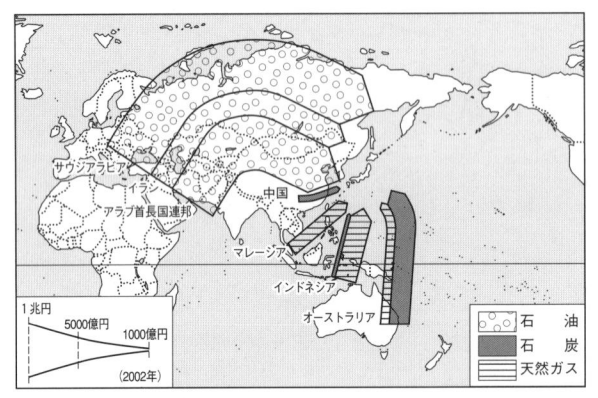

図34　比例尺度の線データ地図〔エネルギー資源の輸入額(2002年)〕

サウジアラビアとアラブ首長国連邦からの輸入額は，ほとんど変わらないにもかかわらず，この図では線長の長いサウジアラビアの方の印象が強く，輸入額にかなりの差があるような錯覚を与えるおそれがある。

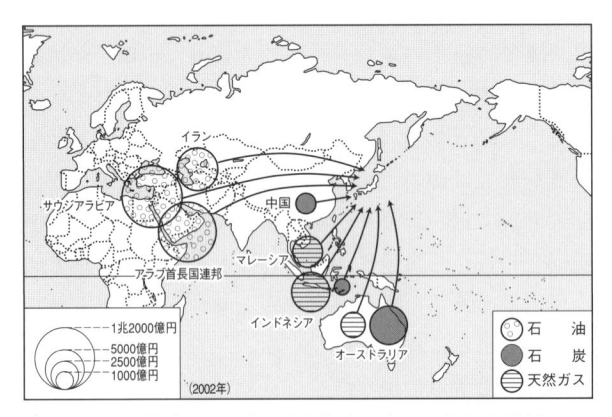

**図35　線データを点記号と矢印に変えて示した図例
〔エネルギー資源の輸入額(2002年)〕**

データは図34と全く同じである。面積比による2次元表現になっているので，数量（金額）の差は相対的に小さくみえる。

面記号の表現　6

面記号の視覚変数は「模様」と「濃淡」の二つで，ごくまれな例として「大きさ(太さ)」を用いることがある。「模様」と「濃淡」のうちでも，特に重要なのは「模様」とその系列にある「階調模様」，および「アミ」と呼ばれる「濃淡」である。

1　模様とアミ

「模様」には大別して線を主に構成したもの（線描法）と点や連想記号風のものを主に構成したもの（点・記号法）があり，前者はさらに等線法と等間隔法，後者は列記法・乱記法に分かれる（図36）。通常これらは併用することが多いが，変形の区画をもつ面記号としては，列記法より乱記法の方が便利なことが多い。

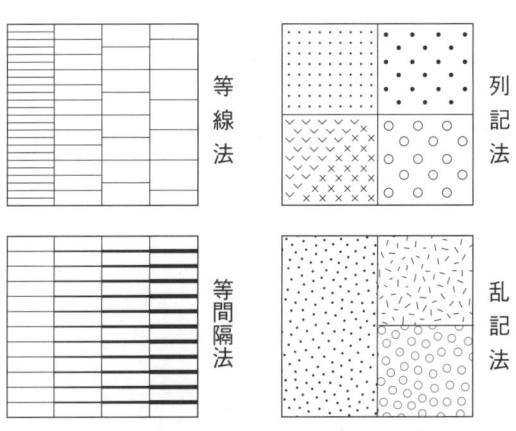

図36　等線法・等間隔法と列記法・乱記法
実際に模様を描く場合はこれらを併用する。

模様には濃度と方向の二つの構成要素があり，その中では濃度による差が第一義的なものである。図37のAは濃度を変えないで方向のみを変えたもの，Bはその逆である。AとBを比べた場合，面記号としてどちらがより区別しやすいかといえば明らかにBで，濃度がより基本的な要素であることがわかる。実際に用いる場合は，CのようにAとBを併用するのが望ましい。つまり濃度と方向は常にセットで考えるのである。その場合，点や連想記号風のものは無方向とみなす。

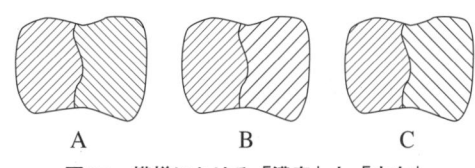

図37　模様における「濃度」と「方向」

模様には多くの種類があるが，①名目尺度の面データを図化する場合と，②順序尺度の面データを図化する場合とでは，その用い方に決定的な差がある（比例尺度による面データを図化することはあまりないが，模様の用い方は定性的名目データに準ずる）。

図38のイからへまで，1から12まではすべて「模様」である。ただ1から12まで番号をつけたものは，濃いものから淡いものへと順序よく並んでいる。これを特別に「階調模様」と呼ぶことは既に述べた（28頁）。「階調模様」は規則的な幾何模様（線描法）が多い。なぜかと

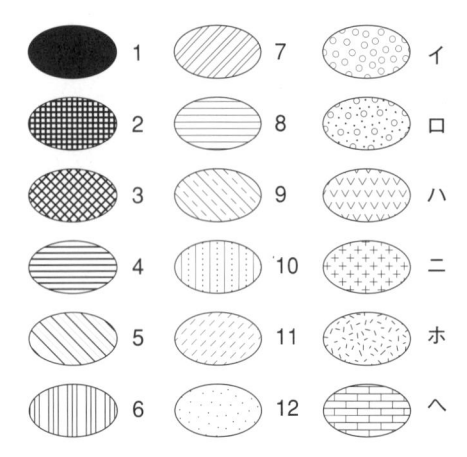

図38 模様のいろいろ
左列と中列の1～12の番号をふったものが階調模様である。線描法を主体にして濃度の順に並んでおり，順序尺度に用いられる。右列のイ～ヘは名目尺度に用いられるものであるが，左列と中列の1～12も名目尺度に用いることができる。

いえば，この方が線の「太さ」や「きめ」のこまかさによって，濃度の加減をしやすいからである。イからへまでの模様は濃度の程度を計ることが難しく，1～12の模様のどこに入れていいのかわからない。

名目尺度の面データには「模様」すべてが使えるが，順序尺度の面データでは「階調模様」のみの使用に限られる。また，具体的にどの模様をどのデータに当てはめるか，その決め方も名目尺度と順序尺度ではまるで違ってくる。詳細は次節以降で述べる。

模様では濃度がより基本的な要素であると述べた。このことからアミによる「濃淡」で面記号の区別をしようと考えることも可能である。が，結論からいえば，それは黒や白という両端の濃度を入れてもせいぜい5～6段階を区別できるにすぎず，小さな面記号の多い図では3～4段階が限度である。

アミの濃度は全体に占める黒の部分の割合で示す。白は0％で，20％のアミといえば全体に占める黒地の部分が20％（白地80％）という意味で，黒の塗りつぶしは100％である。図39はその様子を拡大して示したものである。かつてのアミ版は10％きざみのスクリーンを使って製版していた。現在ではデジタル製版に

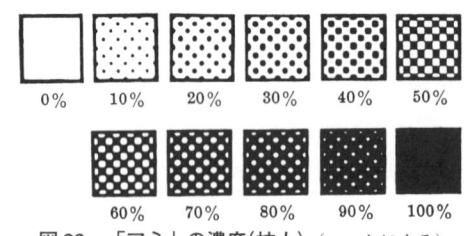

図39 「アミ」の濃度(拡大) (ハーケによる)

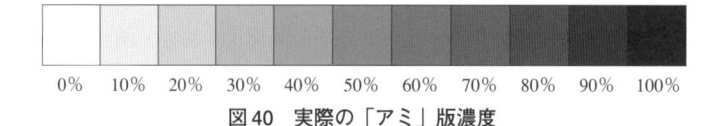

図40 実際の「アミ」版濃度
濃度の高いものほど10％きざみでは判別が難しい。

図41 面記号の区画の大小による濃淡の見分け
大きな区画は濃淡が見分けやすく，小さな区画ではそれが困難になる。図のA・Bいずれも20％，30％，40％を使っている。

なって，アミの区分は1％きざみで可能である。ただし，アミ表現については，むしろ10％ごとに検討したほうが分かりやすい。

図40では10％ごとの変化を，通常の印刷物の形で示した。パーセントの値が高くなるにつれ，10％きざみでは見分けが難しくなる。ここから分かるのは，物理的な光の反射率と明度は比例的に変化するのではないということである。10％と20％の明度差に比べると，70％と80％の明度差はかなり小さい。反射率が低くなる(すなわちアミ濃度の数値が高い)にしたがって，明度の差は小さくなる傾向が読み取れる。

一体どの程度の差をつければ見分けられるのか，という問題になるが，これは面記号の大きさ(面積)にも関係して，一概にはいいがたいが，一般的にいって面の区画が大きければ，差は見分けやすく，区画が小さくなれば見分けにくくなる。**図41**をみれば，そのことがよくわかるであろう。一つだけモデルを示せば，0，10，20，35，60，100の6段階をあげることができる。

もう一つアミには線数というものがある。これは単位面積当たりのアミ点の数を決めるもので，アミ点の密度に属することがらである。これは1インチ(2.5cm)四方に何本の線を交差させるかによって決まり，50本ずつのものは50線，60本ずつのものは60線，以下同様に80，100，120，133，150，175，200，250，300線まである。実はアミ線はこれらの交差した線と線の間を，光が通ることによって規則正しい小さな点の集まりになるわけで，露光時間の多少によってアミ点の大きさ(すなわち濃度)を変えていったのである。「アミ」という言葉は交差した線の「網目」を指している。線数という「密度」のあらわし方もこの「網目」に関係している。普通，凸版印刷で使われるアミの線数は120線まで，平版(オフセット)印刷では175線まで，凹版(グラビア)印刷では300線まである。ただし，これも紙の質や製版の際の版材などによって，使える線数に多少の差は出てくる。現在のデジタル製版では175線が標準である。

アミ版でも，近年ではFM（Frequency Modulation 周波数変調）という技術を使った印刷方式が普及しつつある。より微小な（20ミクロン）ドットをランダムに配置することで，従来の数倍の精度と品質をもつ印刷が可能になっている。

面記号を論じる際に避けられないのがバウンダリー(境界線)の問題である。これは線ではあるが，線記号であるとはいえ，模様も含めた面記号の一部なのである。バウンダリーの線だけで面の違いを識別させることはなかなか難しく，むしろ模様に付随したものと考える方が現実的である。中には境界の形が単純な場合，バウンダリーの線を使わない図も出てくるが，そのことが逆に面記号に付随したものであることを証明している。

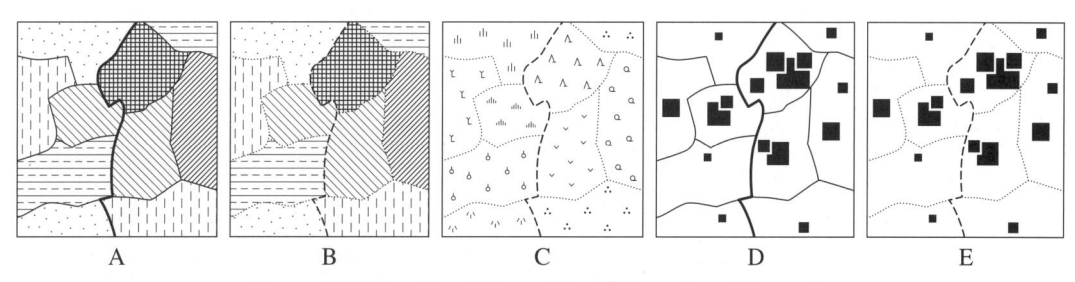

図42 面記号のバウンダリー3例と点記号のバウンダリー2例

線を主体にした模様にはAのような実線が適している。Bは境界が不分明な感じになる。しかしCのような連想記号風のものには，むしろ実線でない方が記号を生かしている。D・Eはどちらでもいいが，これも点記号が黒っぽくて印象が強いせいである。点記号をあまり強く表現できない場合はEの方がよい。

線の種類としては特に決まっているわけではないが，種類を決める際の基準はいくつかある。①あらわそうとする境界が可視的なものか，不可視的な（推定を交えたやや不明確な）ものか（例えば，前者なら実線，後者なら破線・点線），②模様の種類との兼ね合い（水田記号のように連想記号風のものを連続パターンとしてつくる面記号には，点線が邪魔にならず，線描法の模様には実線がふさわしい），③他の線記号との兼ね合い，などがそうである。

2　名目尺度の面データの表現

　既に述べた通り，すべての「模様」が使用可能である。問題は〈文法〉として，どのような内容に対してどのような模様を与えるかであるが，この種の地図はまず慣用例から検討する。

　図43「土地利用図」における水田，果樹園，公園・緑地，図44「地形分類図」における旧河道，後背低地，自然堤防，山麓緩斜面，図45「地質図」における花崗岩，石灰岩などが慣用例に従った表現方法をとっている。

　土地利用図では水田のほかにも，一般図の図式を援用することがあり，畑，草地，荒地，樹林などがよく使われる。地形分類図では，山麓緩斜面の面記号は，扇状地や麓屑面に転用されることがある。地質図では図38のイは礫，ロは砂礫，ハ・ニ・ホは花崗岩のほか凝灰岩，安山岩，玄武岩など火成岩に用いられる。

　注意すべきは慣用であるといって，必ずこのように使わなければならないと決まっているわけではないことである。図によって凡例に挙げるべき項目も異なるし，図化する際の意図にもよるので，画一的，機械的に当てはめていいとは限らない。ただ，前記の例でいうと「地形分類図」において扇状地と後背湿地の凡例がある場合，それらの面記号を互いに入れ替えて用いることはない。「3章　主題図におけるデータの記号化」の中で述べた記号表現の自由と拘束

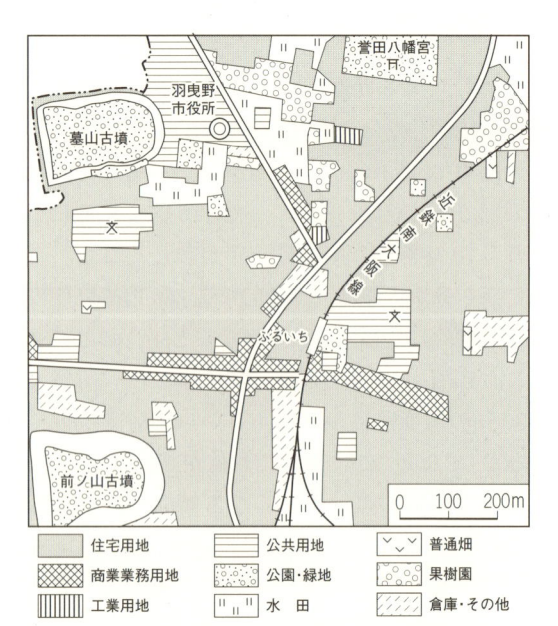

図43　土地利用図における慣用例〔羽曳野市の土地利用〕（羽曳野市史史料編別巻の付図により作図）

慣用例のうち「果樹園」は一般図の図式を使うことも多い。全面に広がる住宅用地は，他の土地利用が浮かび上がるように，淡いアミ版を用いる。（多色図は89頁）

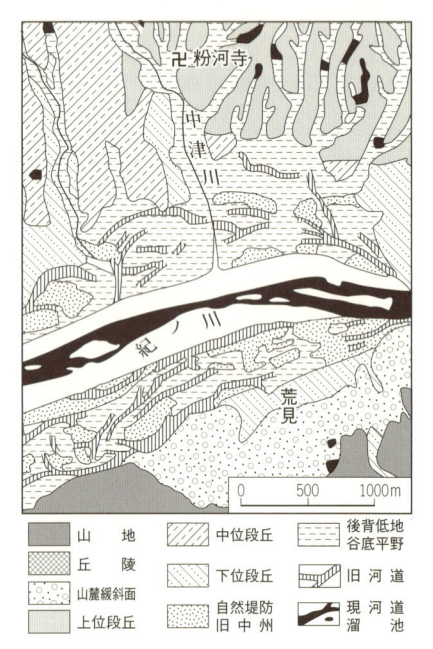

図44　地形分類図における慣用例〔粉河町の地形分類〕（粉河町史第1巻の原図により作図）

慣用例のうち「旧河道」は礫を連想させるような，○や●の記号を使うこともあるが，この図では山麓緩斜面，自然堤防とまぎれることのないように，太い縦線を用いた。（多色図は89頁）

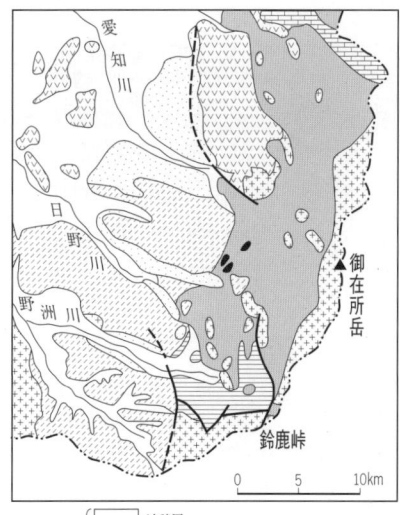

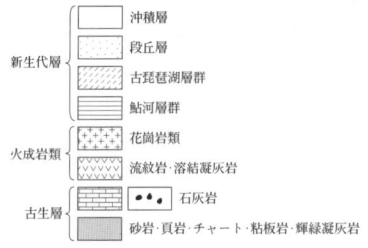

図45　地質図における慣用例〔滋賀県南東部の地質図〕（滋賀県百科事典の原図により作図）
地質図では火成岩の模様に特徴があり慣用例も多い。堆積岩の模様は，地層が新しいほど淡く，古くなるにつれて濃くなっていく。（多色図は89頁）

について思い返していただきたい。

　慣用例を検討しても表現の決まらないものも多い。それは**イメージをシンボライズ**しながら決定する。慣用例にもイメージやシンボルの要素はあるが，それをもう少し幅広く考えていくのである。

　例えば「気候区分図」では特別な慣用例はない。しかし温度の高低を考えると，高い方が濃い模様，低い方が淡い模様になるであろう。湿度も高い方が濃く，低い方が淡い。「植生図」では，植物の密生しているところが濃く，疎らなところは淡くなる。「土地利用図」では土地利用の集約度の高いところ（例えば商業地域）が濃く，低いところ（例えば山林）が淡くなる。

　多い－少ない，大きい－小さい，高い－低い，深い－浅い，濃い－薄い，増加－減少，古い－新しいなどの形容を表現内容に当てはめてみて，それを模様の濃淡やパターンとどう結びつけるか，がポイントである。

　実際にはまれな例であるが，イメージやシンボルを考慮しても模様の決め難いものもある。例えば，単に区画を分けるだけといったケースである。過去の行政区画を示し，模様で表現するような場合である。その場合，図の主題からみて重要なものが濃い模様になるのはいうまでもない。問題はすべてが重要度において平等であるケースである。そのときは**広がり**（**図上の面積**）の小さいものを濃く，大きいものを淡くする。逆にした場合を想像すれば納得がいくであろう。もちろん，模様の濃淡だけでなく，方向も十分考慮しなければならない。

3　順序尺度の面データの表現

　順序尺度の面データは，定性・定量をとわず，その表現方法は同じである。つまり，視覚変数としては「階調模様」とアミによる「濃淡」の，二つの種類による表現である。

　前項でイメージ・シンボルをたよりに図化する際には，多い－少ない，大きい－小さい，高い－低い，深い－浅い，増加－減少，古い－新しいなどの形容を表現内容に当てはめて，模様を決定すると述べた。これらの形容のうち，どれか一つの系列の中で（定性的もしくは定量的に）段階的な序列のついたものが順序尺度である。例えば町村合併の図で，古い年次のものから新しい年次のものへと配列するならば，それは間隔尺度の順序尺度化であり（**口絵2**），出生率をあらわした図で，比率の高いものから低いものへと段階区分する（**図10**）のは，定量データの順序尺度化である。

　面記号で序列をあらわすには，濃いものから淡いものへ（あるいはその逆）に配列する以外にない。その一つが「階調模様」と名付けた模様

6　面記号の表現

1980～1985年　　　　　　　1995～2000年

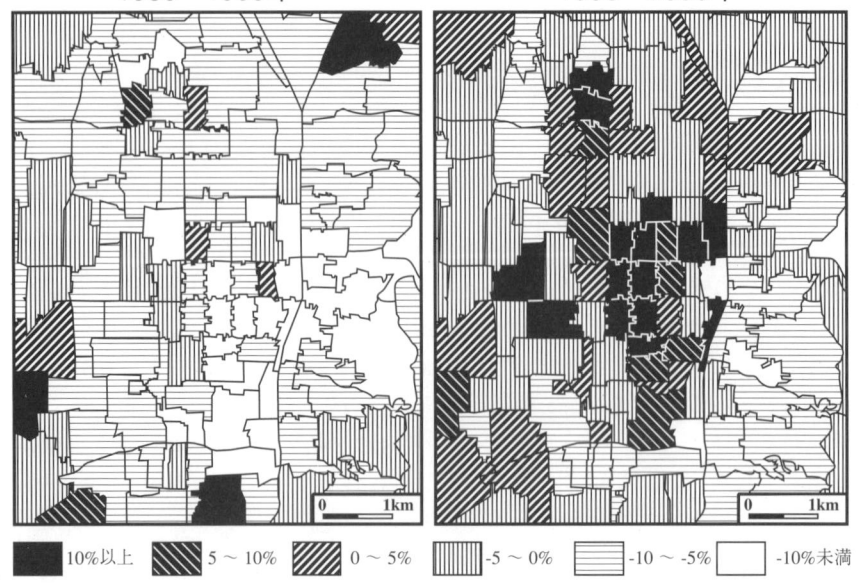

■ 10%以上　▨ 5～10%　▨ 0～5%　▦ -5～0%　▤ -10～-5%　□ -10%未満

図46　順序尺度の面データ図〔京都市中心市街地における国勢統計区別人口増減〕（藤塚吉浩作図）
大都市中心部では高度成長期に入ってから人口が減少し，空洞化が生じてきた。京都市でも1980～85年には，人口の減少している国勢統計区が都心には多い。しかし近年は職住近接を求めて都心部のいわゆるマンションなどに比較的若い世代の人々が回帰しつつあり，1995～2000年には人口が著しく増加した国勢統計区が都心には多い。

群で，もう一つがアミの濃度による「濃淡」である。これはかなり拘束性の高い〈文法〉である。

実際にはアミの濃度のみによる濃淡表現は段階がかなり制限されるので，「階調模様」による表現の方が一般的である。**図38**にあげた(1)から(12)までの例を参考に工夫すればよい。なお，「階調模様」とアミによる「濃淡」を併用することもあるが，その場合も面記号の濃度が順序よく並ばなければならない。本書では**図7，図9，図15**など多くの例図がある。

図46は京都市中心部の人口増減を6段階で示したものであるが，黒と白を含む大胆な濃度順に並べたことで，人口の動向が左右であざやかに対比できる。

図47は19に分類された段丘面とその他の地形分類を合わせ，27におよぶ面記号を単色で表現した例である。段丘面の記号が順序尺度になっている。

定量的な面データを扱う場合，統計が必要である。通常，都道府県とか市町村など統計区域ごとに出された量や比率を用いて図化するが，これを「コロプレス図」といっている。コロプレス図は統計区域の形や大きさが違い，またその区域内は均一な分布状態を示すかのごとく表現される。

統計区域の面積に大小があるということは，必然的に面積と関係する事象の絶対値表現には向いていないことになる。極端なことをいえば，面積が大きいほど統計の絶対値は大きくなる傾向があるわけで，現実の地理的事象はそんなに単純なものではないにしても，面記号化することは避けた方が無難である。面データではあっても，絶対値の表現は点記号化しておき，それと関連しながらも面積とは無関係な統計値（百分比など）を面記号化してコロプレス図とすべきである。

コロプレス図はこのような欠点をもつために，さまざまな工夫が要求されている。

① 統計区域をできるだけ小さくとる。これは面積の差があまり出ないように，また統

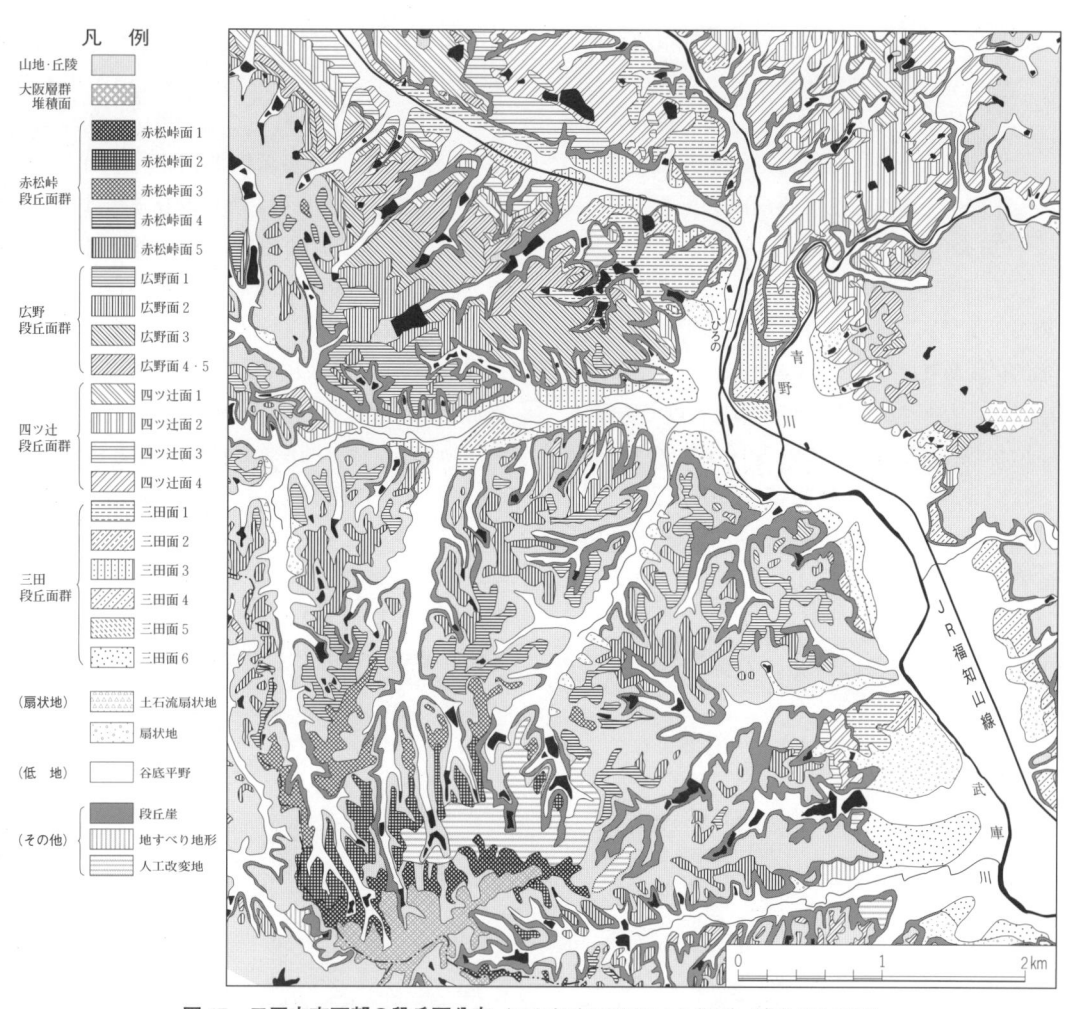

図47 三田市南西部の段丘面分布（田中真吾の原図により作図）（多色図は91頁）

凡例
- 山地・丘陵
- 大阪層群堆積面
- 赤松峠段丘面群
  - 赤松峠面1
  - 赤松峠面2
  - 赤松峠面3
  - 赤松峠面4
  - 赤松峠面5
- 広野段丘面群
  - 広野面1
  - 広野面2
  - 広野面3
  - 広野面4・5
- 四ツ辻段丘面群
  - 四ツ辻面1
  - 四ツ辻面2
  - 四ツ辻面3
  - 四ツ辻面4
- 三田段丘面群
  - 三田面1
  - 三田面2
  - 三田面3
  - 三田面4
  - 三田面5
  - 三田面6
- （扇状地）
  - 土石流扇状地
  - 扇状地
- （低地）
  - 谷底平野
- （その他）
  - 段丘崖
  - 地すべり地形
  - 人工改変地

計区域内の不均等な分布を小さく分割することによってできるだけ避けようとするものである。国勢調査や総務省の事業所・企業統計で集計されている小地域（町丁・字別）データは，この考えに沿ったものであるとみることができる。

② 単純な形で均等な集計区域を設定する。これはメッシュマップである。1kmメッシュと500mメッシュで集計されている，経済産業省の商業統計データがその例である。

③ 統計区域内の不均等な分布を，他のデータを使って，できるだけ均等になるよう再編成する。このような図を「デイシメトリック図＝等濃図」という。ロビンソンは耕

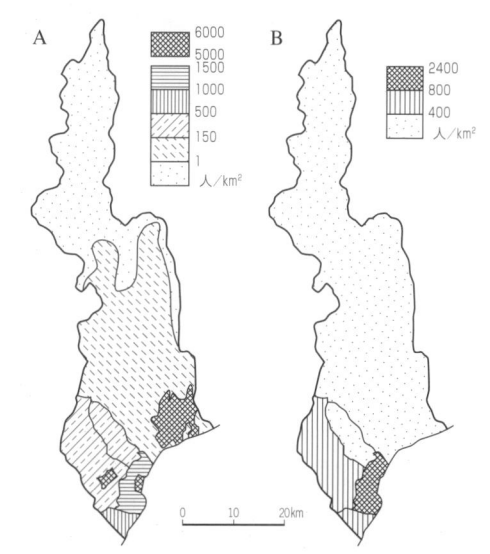

図48 デイシメトリック図(A)とコロプレス図(B)〔静岡市とその周辺の人口密度〕（安仁屋政武の原図により作図）

6 面記号の表現　51

地率を例にとり，耕地の無い都市域や耕地の乏しい森林地帯を顧慮して再編成を行ない，安仁屋政武は静岡とその周辺の人口密度を例にとり，DIDの範囲や20万分の1地勢図を参考にして再編成を行なっている（**図48**）。

以上三つが「コロプレス図」の欠点を補うための工夫であるが，図化する際の視覚変数は基本的に変わりはない。「メッシュマップ」にした場合に「大きさ」の変数が加わるだけである。

「コロプレス図」にはいろいろな欠点があるとはいえ，統計が比較的容易に手に入ること，図化が簡単なことなどから，基礎データ地図としてよく用いられる。

4 比例尺度の面データの表現

この種の地図は，実はあまり存在しない。絶対的な数量を面記号であらわす，しかも比例表現で図化することは不可能である。こうした面データは点記号化されることが多い。相対的な比率であっても，「階調模様」で百分比することは不可能に近い。そこで可能な地図は，例えば近世の所領配置図で村ごとに幕府領・旗本領・藩領・寺社領などを区分する場合に限られてくる。所領の入り組んでいる村は多いが，現在では，近世の村の中まで細分化して所領をつきとめることは難しい。その際に用いられるのが，所領を石高の比率で表現する方法である（**図49**参照）。もし所領がきちんと地図上で範囲を確定できるなら，それは名目尺度の面記号図，すなわち色相区分図になる。このケースのように，場所が特定できない場合に，百分比の面記号図が有効になる。視覚変数としては「模様」が使われる。

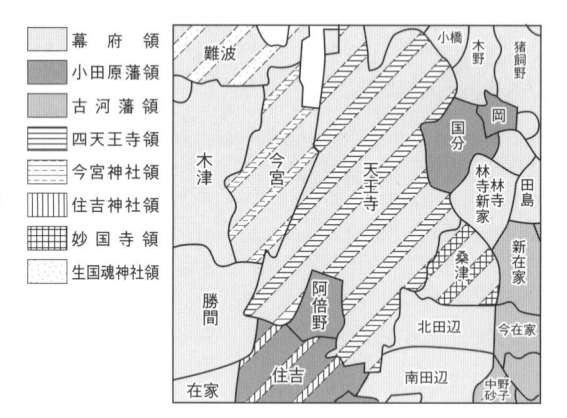

図49 比例尺度の面データ地図〔天王寺村周辺の所領配置図（天保期）〕
（新修大阪市史第10巻の付図により作図）
所領の入り組んでいた村については，石高に比例して所領を示している。
（多色図は92頁）

データ転換のための表現 7

　さきに，主題図におけるデータの転換の項(21頁)において，地図表現に伴うデータの性格の変化をデータの転換と呼び，その例として，①ドットマップ，②等値線図，③メッシュマップの三つを挙げた。ここでは，これらの地図に用いられる記号の表現について述べておこう。

1　ドット記号の表現

　ドット(小点)で一定の数値を代表させて，その点を実際に存在する位置におとして表現するのがドットマップである。ドットがある数値を示すことで，これは絶対的データをあらわしていながら，一方ではドットの粗密によって相対的な分布状況をも示すことができるという点で，一種の相対図でもある。基本的に定量的な点データ地図でありながら，その分布の粗密によって，面データ地図としての機能も果たしている。換言すれば点データを面データに転換するための手法ともいえる。同時に定量データは定性データにも転換している。図52からはドットの集積の激しいところを「じゃがいもの生産地」としてくくることが可能である。

　これを逆に表現の側からみると，均質な分布を示すようなデータはドットマップには向いていないということになる。すなわち，ドットマップとは適度の集積と分散をあらわせるものでなければならないのである。

　ドットの視覚変数としては，点の大きさだけである。ただし，分布の粗密を表現するためには，全体の個数が大切な要素になってくる。

　大きさについていえば，ドットは文字通り小さな点であって，最低限度の注意は基図の線記号などに比べて印象が弱くなりがちなことを顧慮すべきだということである。ドットが小さすぎると，事象の分布が稀薄であるとの錯覚をいだかせる。といって，ドットが大きすぎて，そのためにドット相互の癒着がおきると，過度の集積状態があらわれ，全体的にもそのドットであらわされる事象が，卓越しているような錯覚を引き起こす。ここではロビンソンのあげた例を示しておくことにしよう(図50，51)。

　個数と大きさは密接な関係をもっている。個数はどうして決まるかといえば，ドットの単位値による。単位値を大きくとれば個数は少なく，単位値を小さくとれば個数は多くなる。図化する際に，単位値をどの程度にとるかは非常に大事な要件である。単位値が不適切だと，分布パターンがうまくあらわれないからである。

　分布パターンがうまく出るかどうかをみるには，区分されたある地域での総数を単位値で割って，個数をはじき出し，試みに紙の上にドットをおとしてみる方法が，最もわかりやすい。

　最後にドットの位置であるが，単位値が1である場合は問題がない。しかし，このようなケースはまれであって，単位値は通常複数で，しかもかなり高い値が多い。ということは，ドットをおとす位置の選定が必要なわけで，実はド

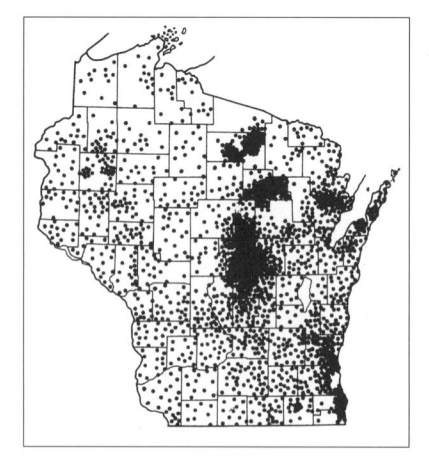

図50 ドット記号の「大きさ」が不適切な例（ロビンソンによる）

じゃがいもの栽培面積を示す図である。ドット1点は40エーカー（16.2ha）。左はドットが小さすぎて印象のうすい図。右はドットが大きすぎて，じゃがいもの生産が卓越しているかのような誤った印象を与える。

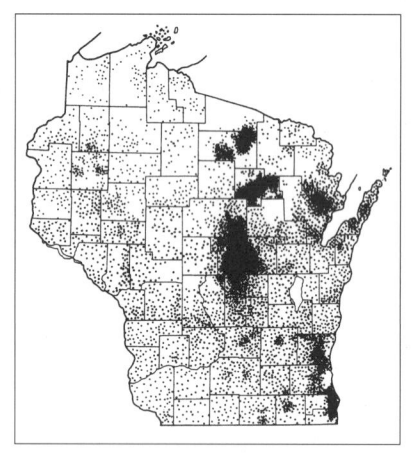

図51 ドット記号の「個数」が不適切な例（ロビンソンによる）

左は1ドットが150エーカー（60.7ha）と単位値が大きすぎて，分布のパターンがよくあらわれていない。右は1ドットが15エーカー（6.07ha）と単位値が小さすぎて，表現が過度に詳細になっている。

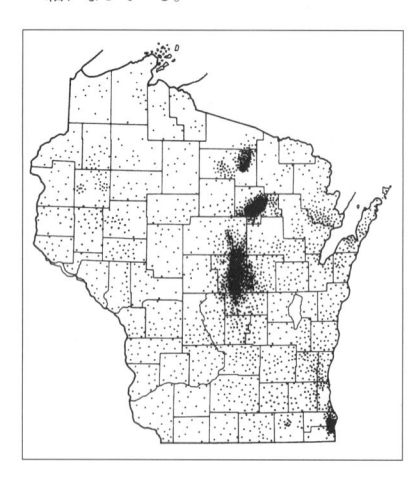

図52 ドット記号の「大きさ」と「個数」が適切な例（ロビンソンによる）

ドット1点の単位値は40エーカー（16.2ha）。図50と同じであるが，ドットの大きさを適切に設定している。

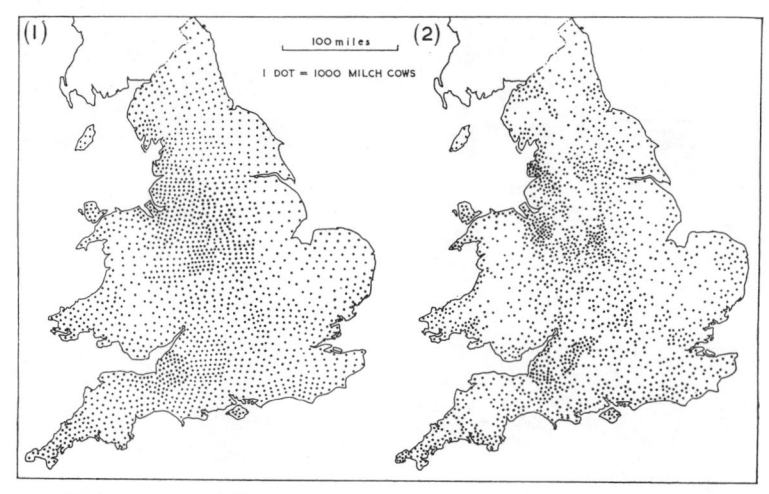

図53 ドットの位置の決め方2例（モンクハウスとウィルキンソンによる）
イングランドとウェールズの搾乳牛の分布を示した図。ドット1点は1,000頭。左はカウンティごとに均等にドットをおとしている。右は可能な限り地形の起伏や土地利用などを顧慮して，現実に近い形で表現している。もちろん右の方がすぐれているわけであるが，一つ一つのドットの打ち方を慎重に配慮しはじめると，それこそ際限がなくなるおそれがある。ある程度簡略化した機械的な打ち方を工夫せざるを得ない場合も多い。

ットマップの描き方の最大の困難がここにある。

比較的簡単な方法としては，ドットの個数を決めたカウンティごとに，その内部を均等におとしてしまうやり方がある。

もう一つは，可能な限り地形の起伏や土地利用などを顧慮して，現実の分布に近い形で表現する方法である。カウンティごとに機械的におとすよりは，ずっと表現力のある図ができあがる。ただ，地理学の素養と描図についての秀れた感覚が必要である(図53)。

本章のはじめの方で，均質な分布を示す事象はドットマップには向かないと述べた。逆にあまりにも集積と分散の度合いの激しい事象も向かないわけであるが，この場合は人口分布図によくみられるDID地区の表現のように，名目的な面表現と併用したり(図54)，カウンティの数値が一定以上になれば，円や球の記号を使うことによってカバーする方法もある。

図55は，イギリスのランカシア南西部における1951年の人口分布を，4通りの方法で表現して比較したものである。A図はparishないしcivil parishごとの人口を，それに比例した円の大きさで示したものであり，3万人を超えるところは人口を数字（単位千人）で記入してある。B図は1点を250人として示したドットマップである。C図はA図とB図の折衷であり，人口1万人以上のparishについてはA図の方法で表現し，それ未満のparishについてはB図の方法を採用してある。D図は人口密度を7段階に区分して，階調模様の粗密で表現している。

これら4種の表現法のうち，どれが最も適切

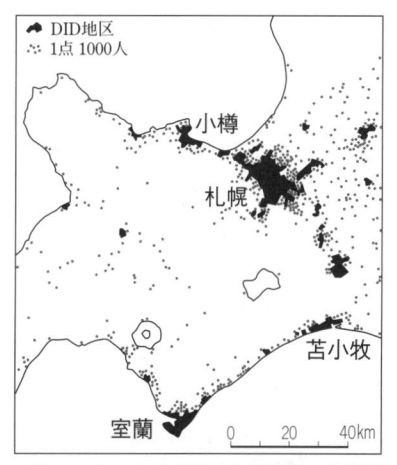

図54 ドットと定性的な面記号との併用例
DID（人口集中地区）を面記号化した例である。集積と分散の度合いの差が激しいときには，このような表現をとらざるを得ない。

7 データ転換のための表現　55

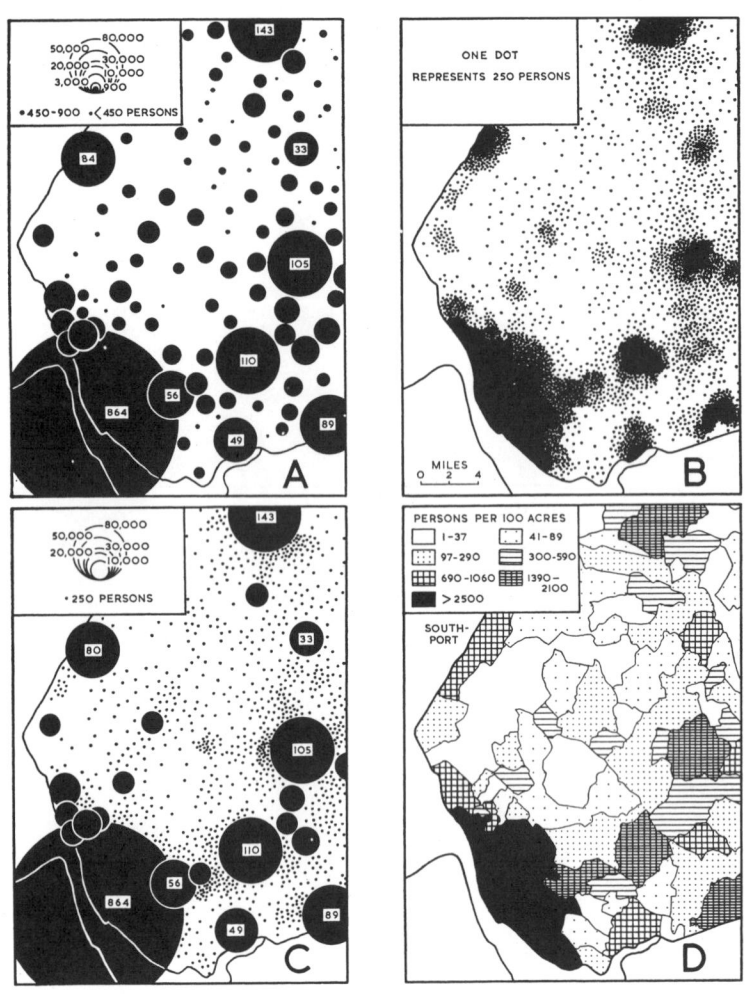

図55　人口分布の表現法4例〔ランカシア南西部の人口分布〕
(ディッキンソンによる)

であろうか。

　この地域の人口分布の特色は，鉱工業の発達したいくつかの都市に多くの人口が集中し(南西端の86.4万人はリバプール)，一方，農村部には散村が分布し，農村人口は広く分散していることである。この状況をどの図が最もよく表現し得ているかを比較すると，A図では人口密集地域と分散地域の区別が明瞭でなく，小さな都市と農村が区別できず，B図では人口密集地が真黒に塗りつぶされてしまい，その人口の大小を判別できない。またD図はparishの面積の大小によってかなり左右され，必ずしも適切ではない。そこで，かなり便宜的な方法ではあるが，C図の表現法がこの場合，実態の的確な表現に最も適している。すなわち，parishを1万人以上と未満とで分けると，結果的に都市人口と農村人口を区分してあらわすことになり，都市の大小と農村人口の分布状況を，ともによくあらわすことができるからである。なおC図はA図とB図を単純に重ねたものではなく，都市の円記号によってかくされてしまうドットはその外側に移動させてあり，また北西端の人口8.4万の都市はその行政区域がかなり広く，そこに農村人口が分布するので，C図ではその都市を8.0万の都市としてあらわし，農村人口をその外側にドットで示してある。そうしない

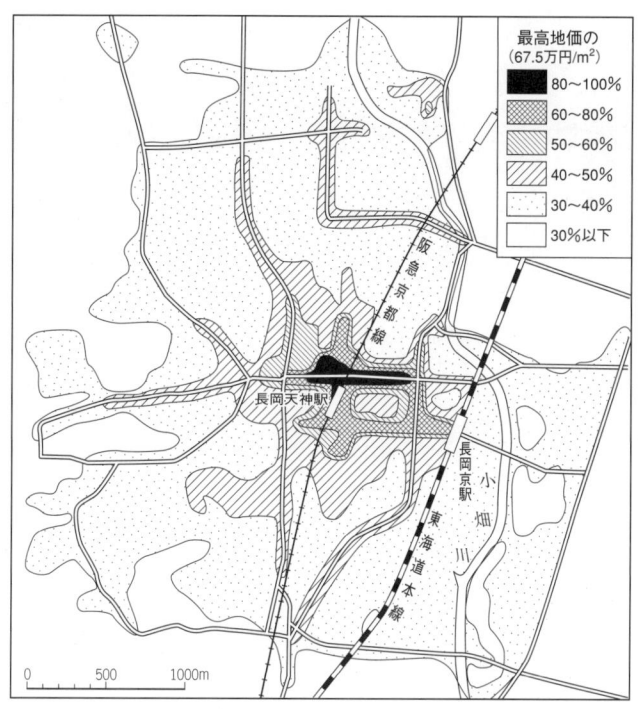

図56 等値線図〔長岡京市における等地価線図（1995年）〕
（長岡京市史本文編二の原図により作図）

とその部分がかなり広く空白になり，あたかも無居住地域が広がっているような誤解を与えかねないからである。

2 等値線の表現

等値線は等しい（あるいは等しいと推定された）値をもつ地点を滑らかに結んだ線のことである。等値線と他の等値線との間はその数値の差に従って，ある傾斜をもった値が並んでいると推定する。したがって，この図は連続的に分布している事象を図化する際に多く用いられる。等高線・等深線など地形に関するもの，等温線・等雨量線など気候に関するものが典型的な例である。最近では地盤沈下量，大気汚染など環境問題のデータから作成されることも多い。図56は地価の分布を等値線図にあらわしたものである。

等値線図isoline mapは線記号を用いた地図であるが，データとしては，①ある地点における数値，すなわち定量的点データか，②ある地域における数値，すなわち定量的面データのいずれかである。①をisometric図（狭義の等値線図）といい，②をisopleth図（等充線図）という。ただし，②におけるデータの数値は必ず面積に関係づけられた比率でなければならない。なぜなら，面積比を無視した集計データだけでは単位地区ごとの分布の状態は仮定できないからである。例えば，Aという町域の人口がBという町域の人口の2倍であったとしても，Aに2，Bに1という値を与えるわけにはいかない。その面積がやはり2倍であったとすると，人口密度としては同じであって，分布の状態としてはA・B双方に1という値をもってくるのが正しい。その値をどの地点で代表させるかがisopleth図における工夫のしどころである。

等値線図を描くには，点データを線データ化しなければならない。その方法が「内挿法」である。これはデータ地点間の傾斜（変化）がある一定の法則に従っていると仮定して，中間にあ

7 データ転換のための表現

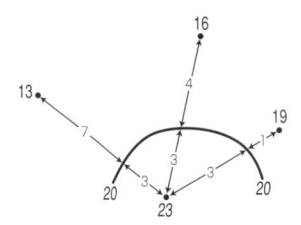

図57 比例配分法による「内挿」
（ロビンソンの原図により作図）

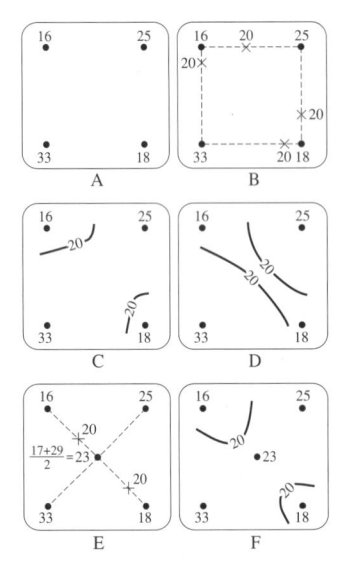

図58 「内挿法」により二つの等値線が想定されるケース（ロビンソンの原図により作図）

Aのような値が配置されている場合、Bで数値20の位置を内挿すると、CおよびDの2通りの等値線が引ける。しかしEのように対角線方向の2点間を内挿すると、23という数値がえられ、Fのように等値線を決定することができる。

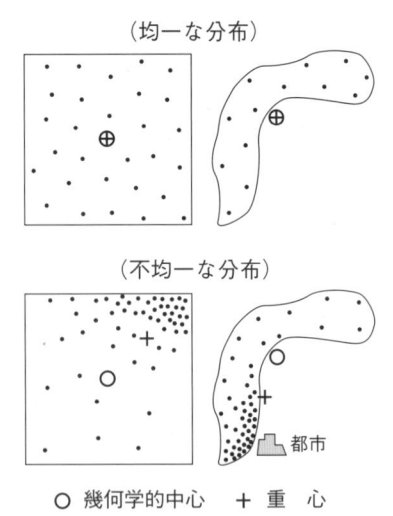

図59 均一な分布と不均一な分布における幾何学的中心と重心（ロビンソンの原図により作図）

面データから等値線を引くには、面データをあらかじめ点データに転換しておかなくてはならない。その際、分布の状態によって代表点の選び方を考える必要がある。

るデータを推定する方法である。通常は直線的な変化率を想定して、地点間の数値を単純に比例配分して決める場合が多い（図57）。

「内挿法」で問題になるのは、四つの点データが格子状に並んでいるケースである。ロビンソンらはこれを次のように説明している。図58のようなデータの場合、等値線はC・D2通りの引き方がある。どちらを選ぶかは他の補足的なデータによるが、それもない場合は、対角線の交点の値を「内挿法」でEのように推定すれば、Fのような等値線が引ける。

isopleth図では、定量的面データを何らかの方法で点データ化することが必要である。その際、地区単位における分布が均一であるか不均一であるかによって、代表点の選び方が違ってくる（図59）。分布に関するデータがない場合は均一と想定しなければならないが、できればいろいろな補足データを援用して、分布の重心を的確に出す方が良いことはいうまでもない。ノーマン・J・W・スロワーがあげた4種類の統計地図と仮想3次元の図解（図60）は、それぞれの違いをよくあらわしている。

等値線図の表現で注意すべきことは、主題が等値線のみによってあらわされるわけで、この線は他の基図の要素より目立たなければならないことである。したがって、等温線・等雨量線など、その線データは推定量が多いのであるが、比較的太い実線（補助的に破線）を用いることが普通である。

データの転換という観点からいえば、等値線図は点データを線データに、それをさらに面データ化して面的な把握を容易にする方法である。等値線は通常同じ間隔の線データの反覆表現であって、その間をコロプレス図のように「階調模様」を使うことができるのである。こ

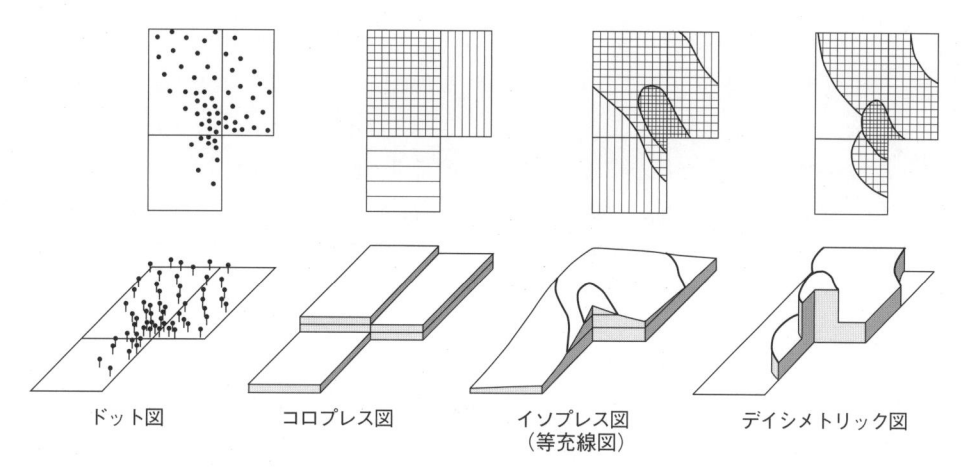

図60 さまざまな統計地図の表現法と仮想3次元による図解（ノーマン・J・W・スロワーの原図により作図）

ドット図　　コロプレス図　　イソプレス図　　デイシメトリック図
　　　　　　　　　　　　　　（等充線図）

うすれば，例えば，等雨量線図において，多雨地域と寡雨地域といった面的な把握はより簡単になる。

3　メッシュ記号の表現

メッシュマップとは面を多数の等面積のメッシュ（グリッド grid ともいう）に区切って，そのメッシュごとのデータを表現した地図である。したがってこれは本来，メッシュごとの面データなのであるが，メッシュを広がりでとらえず，単に位置をあらわすものとしてとらえることで，点データに転換される。ドットマップによって点データを面データに転換することが可能だったのと，ちょうど反対の手法になるわけである。しかもメッシュマップでは，このようにして点データに転換して表現したものを，さらに面データとして活用することも不可能ではなく，なかなか奥深い機能をもった地図なのである。

メッシュマップはメッシュの線を残した表現法と線を残さない表現法とがある。しかし，いずれも1メッシュを1地点として記号化するわけで，メッシュには面積があっても，表現としては点表現（点記号）である。

メッシュの面データには名目尺度と順序尺度とがある。比例尺度のメッシュマップは概念的に考えられないことはないが，実際の図化は非常に難しい。名目尺度の例は土地利用図であり，順序尺度の例は年次別の市街地拡大図（間隔尺度），数量や比率を段階区分した商店分布図や耕地率の図（比例尺度）などである。

メッシュ記号の視覚変数としては，名目尺度にはおもに「模様」「方向」，順序尺度には「大きさ」「階調模様」「濃淡」があげられる。以前はメッシュマップも手描きされることが多く，1960～70年代には英数字や記号類を濃度の順にならべ，大型計算機のラインプリンター

図61　メッシュデータによる起伏量図〔桜島付近〕
（地図センターニュース No.54　1977年による）

7　データ転換のための表現

を使って，モノクロの階級区分図が作られた（**図61**）が，最近では手描きされることもなく，モノクロのメッシュマップも激減している。というのも，標準メッシュコード体系を国が整備し，誰もが国土数値情報や工業統計，商業統計などを読み込み，あるいはデータを再編成して地図化することが容易になったからである。**口絵3**，**図99**，**図100**はその例である。そこでの表示は256色が基本で，これを単色で仕上げる（例えば出版印刷のため）には，あらためて描き直さざるを得ない。単色図ではメッシュをそのまま生かすことが難しく，メッシュを総描して名目尺度の面記号図にしたり，面データからつくる等充線図に変換したりする必要も出てこよう。

8 主題図の基図

1 基図の役割

　主題図には必ず主題 theme の部分と基図 basemap の部分がある。多色刷りの場合は、グレーのような、うすい色で一般図を印刷し、その上にさまざまな色を使って、主題を図化していくのが普通であって、基図とは主題図の中の一般図的な要素ということができる。ただ、単色刷りの場合、主題の地図記号とベースマップは同色になるので、いろいろな工夫が必要である。

　なぜ、主題図に基図の部分が必要なのか、基図が主題に対してもっている意味は何か、といえば、主題の事象の存在する位置や広がりを示すことである。

　位置もしくは広がりを示すには、①経緯線による方法、②海岸線・河川・山などの地形をバックにあらわす方法、③鉄道・道路・駅など交通路によってあらわす方法、④集落や市役所・神社・学校などいろいろな施設をたよりにあらわす方法、⑤行政界を用いてあらわす方法、⑥地名など注記をもってあらわす方法、などがある。

　基図の役割は基本的には位置を示すことであるが、その示し方は自由である。単色刷りの場合、一般図の要素をすべて残して、なおかつ主題を表現するということは、よほど単純な図でないかぎり不可能であって、図のテーマによって前記の六つから適当に取捨選択する。テーマに関係のないものは削り、関係の深い要素を残していく。

　例えば、同じ工場分布図を描くにしても、その業種が水を大量に使うものであるなら、水部（河川や湖）の表示が不可欠であるし、配送を考えれば交通機関の表示も必要であろう。また、ある自治体が工場誘致のために特別税制を設けているようなことがあれば、行政界を省くわけにはいかない。そのほかにも、工場に関係する施設は一体どこまで入れるか、などの判断もくだす必要が出てくる。基図の要素はこのようにして決まってくる。

　アルンベルガー E.Arnberger は主題図に盛るべき一般図的要素として、次のようなものをあげている。

　　第一次的要素：①経緯線，②水界（海岸・湖岸・河川），③高度，④集落（都市・村落），⑤交通路（道路・鉄道），⑥行政区画
　　第二次的要素：⑦地貌，⑧森林，⑨高山の岩石・氷河地域，⑩その他非居住で農業的にも林業的にも利用されていない地域

　ただし、これらはオーストリアのナショナル＝アトラス編纂を前提としたものである。これらのうち①から⑥までの第一次的要素はともかく、第二次的要素の⑧，⑨，⑩は、いささか奇異の感さえ受けるが、オーストリアのナショナル＝アトラスでは、例えば、市町村別に人口の産業別構成比や主要穀物の種類などを示した

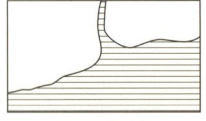

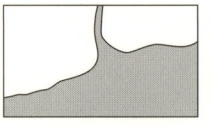

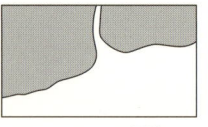

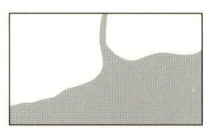

A 波状線　　　B 平行線　　　C アミふせ（海）　　D アミふせ（陸）　　E アミふせ（線なし）

図 62　水部の表現 5 例
Aの技術はわが国ではすたれてしまった。Cは陸地に主題があり，Dは水部に主題がある。

図において，市町村の区画内に一様に彩色することをせず，⑧，⑨，⑩のような地域，すなわち人も住まず，農業も行なわれていないようなところは白抜きにして，それ以外の部分だけを彩色しているのである。山がちのオーストリアの実情にかなった表現法というべきであろう。

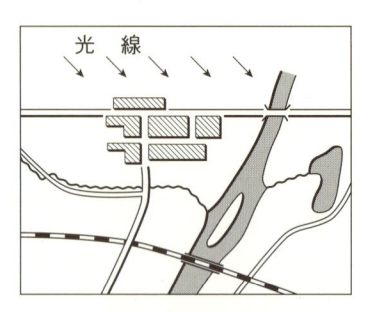

2　基図の表現

要素が決まれば，次は表現の問題である。基図は常に主題を引き立てるように描かれねばならない。したがって，その記号表現もかなり融通性の高いものになっていく。

一般図で定められた図式を守って，しかもなおテーマが引き立つならば問題はないが，図式からはずれた表現をしなければならない場合も多い。もちろん，記号表現には自由とともに拘束もあり，その限度をふみはずすわけにはいかない。ただ，基図の目的が主題の位置や広がりを示し，しかもそれを引き立たせるためにあるとするなら，その表現は〈基本辞書〉的，すなわち一般図の図式にのっとった描き方より，自由な表現で，〈応用辞書〉的に傾くのは当然である。

以下，さまざまな要素に従って，基図表現の実際をみていくが，参考例はどうしても，一般の図式からはずれたもの，特殊なものが中心になることを，あらかじめことわっておきたい。

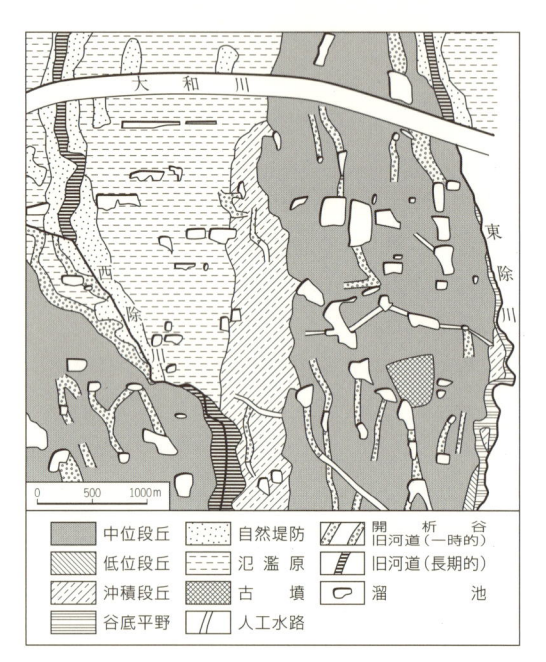

a）地形の表現

①　水部……海岸線や湖・池の線は，本来線だけでは意味をなさない。この線は面記号の一部なのであって，水部に横線を引いたり，アミ

図 63　陰影線の原理
常に図の左上から光線が当たっているとの仮定のもとに影をつける。実際の太陽光線とは関係がない。机に向かって仕事をするとき，左前方に光源をおく習慣からきている。

図 64　陰影線のみによる水部表現〔西除川・東除川付近の地形分類図〕（日下雅義の原図により作図）

多くの「模様」を地形分類に使ったので，水部は白のまま残す。陰影線をつけたことで，水の部分であるとわかる。小さな池が点在する時は，水部を黒く塗りつぶすこともある。

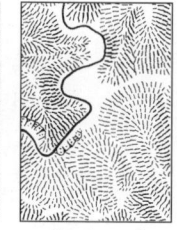

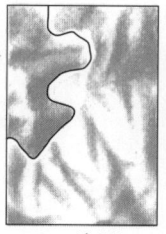

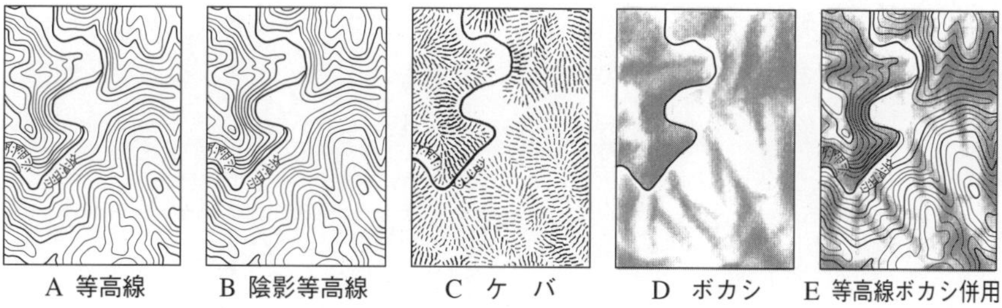

A 等高線　　B 陰影等高線　　C ケバ　　D ボカシ　　E 等高線ボカシ併用

図65　地貌の表現5例

Bは海図に使われている。Cは19世紀に盛んに用いられた技法であるが，今では描ける人がほとんどなくなり絶滅寸前である。C・Dの難点は絶対高度がわからないことであるが，意外に細部の地形はよく読み取れる。

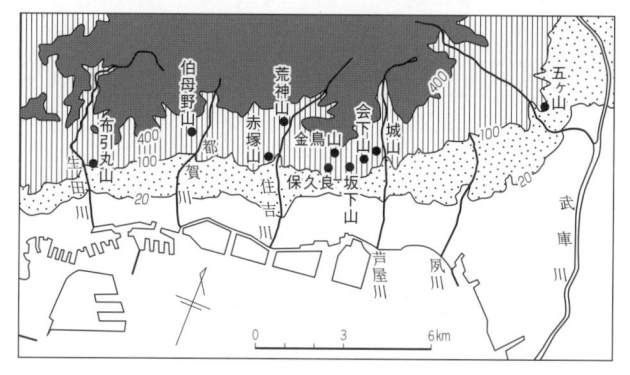

図66　等高線による山地の表現〔弥生時代の高地性遺跡〕
（兵庫県史第1巻の原図により作図）

高地性遺跡を示すのに，等高線は不可欠である。

をかけたりあるいは陸にアミをかけたりして，はじめて陸の部分と水の部分にはっきり分かれる。既に他のところで横線やアミが使われている場合は，線のみの表現でそのまますませておくこともあるが，また陰影線をつけてよりわかりやすくすることもある。陰影線とは，図の左上から光線が当たったと仮定して集落や道路は平面より浮び上がるように，池や川などは平面より沈んでみえるように，影をつける方法である。かつての地形図は墨一色で印刷されていたので，この陰影線がよく使われている。なお，水部にアミをかけるのは，原則として陸の部分に主題があり，逆に陸にアミがかかっているの

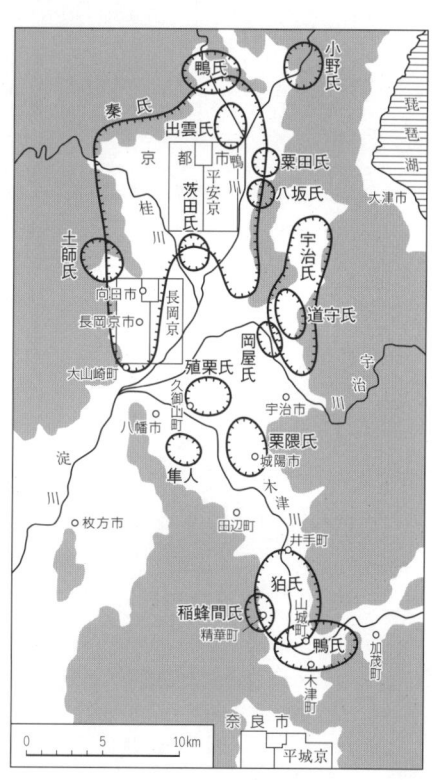

図67　アミのみによる山地表現〔山城盆地における古代氏族〕
（向日市史上巻の原図により作図）

古代氏族の勢力圏を示した図である。現在の市町村名と河川の流路から，大体の広がりはわかるが，山地のアミ表現がなければ，この図はずいぶん単調になるだろう。

8　主題図の基図

は，水部に主題があると考えてよい。特殊な例であるが，他の線記号などが錯綜している場合には，線を用いずにアミのみによる表現ですませることもある。

② 地貌……最もよく使われるのが等高線であるが，図のテーマが標高と関係のある場合は欠かすことができない。弥生時代の高地性遺跡をあらわすような場合がそうである。しかし，

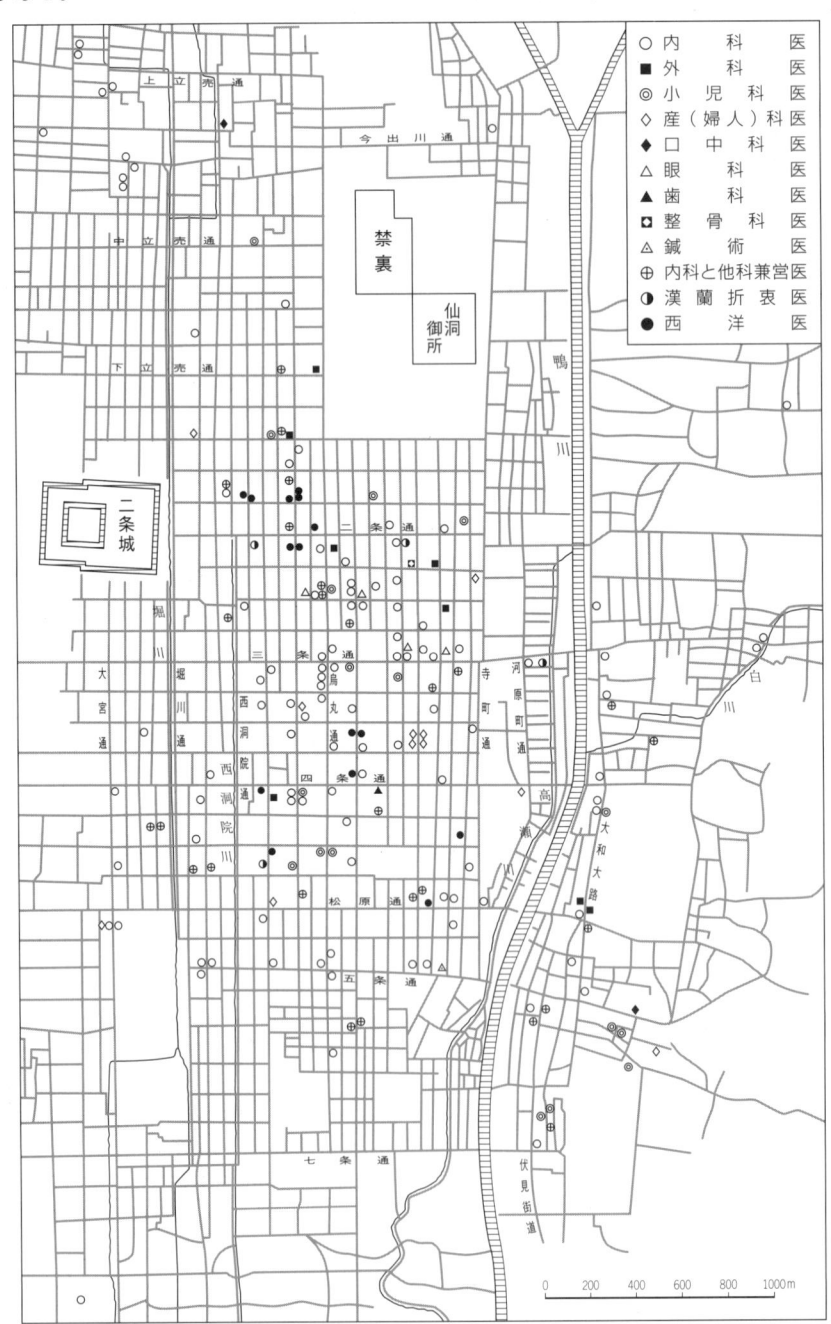

図68 アミによる道路の表現〔京都の医家分布〕（京都の歴史第6巻の原図により作図）
文化・文政期(19世紀前半)の京都における医師の分布である。半世紀前に『解体新書』が公刊され，古医，和洋折衷の医家，西洋医が競っていた時代である。この図はアミ線による道路表現以外は考えられない。

テーマによっては絶対的な高度が必要とは限らないケースもある。単に平地と山地を分けてことたりるならば，簡単なケバやボカシを用いたり，境界線のないアミふせを使って山地をあらわしたりする。

b）交通路の表現

① 鉄道……地形図図式に則った描き方が多い。基図の中で位置をあらわすのに，地名を用いることがあるのは，前に述べた通りであるが，地名はもともとある広がりをもっていて，位置をはっきりした点であらわすのには，不適当なことがよくある。その際には鉄道の駅と駅名を用いると，地名の代用になり，しかも位置が特定できるという利点がある。

② 道路……一般図では道路幅や管理者によって順位をつけ，その順位によって表現を変えていく。二条線で描くのが一般的に多いが，主題図の中に持ち込むと，比較的印象が強く，主題の記号表現を圧迫することがあって，注意を要する。といって，単線にしたのでは，他に河川とか海岸線とか等高線とかが使われていた場合，いくら太さを変えても，なかなか区別のつけにくいものである。特殊な使い方であるが，ベースマップの街路をアミ線であらわしたものもある。図68がその例であるが，試みにこの道路をアミ線でなく，黒の二重線で示した場合を考えると，図のテーマである医師の分布をあらわす点記号は，ずっと読み取りが困難になるはずである。

c）集落の表現

集落のあらわし方には，面表現と点表現がある。縮尺の大きなものは面記号になりやすく，縮尺が小さくなるにつれ，点記号になっていく。面であらわす場合は，斜め線のハッチをかけたり，うすいアミをかけたりする。点記号の場合は，他に使われている記号類との兼ね合いを，特に注意する。

d）境界線の表現

① 行政界……一般図にあっては都道府県界・市郡界・町村界の順に，上位記号から下位記号へと，線の種類が決まっている。それらは不可視的なものとして，分断された線（鎖線・破線・点線）を用いている。しかし，主題図の基図としては，記号としてあらゆる線を想定してもいいわけで，現実に地形図図式にあがったもののほか，実線・アミ線なども使われる。世界図の中の国界なども，同様である。これらの線記号の中から何を選ぶか，その判断の基準になるのは，（ⅰ）テーマと行政界の関連性の強弱，（ⅱ）他に使われている記号類との兼ね合いである。

② その他の境界線……畑と水田を分けたり，商業地域と工業地域を分けたりするときの線などである。これらは面を分ける表現であって，通常いろいろな模様を使う。境界を示す線は，模様に付随したものと解釈する方がわかりやすいのは47頁，「面記号の表現」の章で述べた通りである。

e）地名などの表現

これは「注記」の章で述べる（第9章）。

3　総描について

「総描」cartographic generalization または generalization は定義の難しい概念である。強いていうなら「図の縮尺や目的に応じて伝達効果（明瞭性）を高めるため，地図記号の表現を工夫すること」といえよう。

注意すべきは，データの「選択」selection——例えば2万5千分の1地形図では10mごとに描かれているコンターを，5万分の1地形図では20mごとにする——は総描に含まれないことである。すなわち，総描とはデータ処理の問題ではなく，図形処理の問題なのである。

ドットマップを縮小する際，ドットの数を減

A　　　　　B　　C

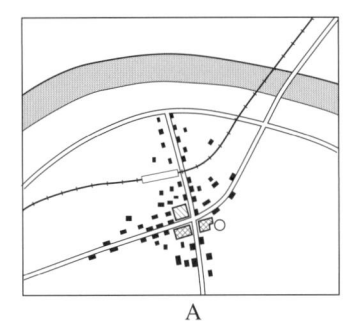

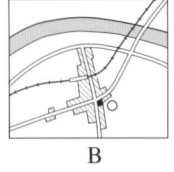

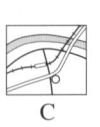

図69 縮尺の大小による集落表現の変化
縮尺が大きいものから小さいものへと移り変わるにつれて，面表現から点表現へと変化していく。

らしたいことがある。その作業をドットの単位値をあげることで，ドット数を減らすならば，これもデータ処理の問題であって，総描とはいい難い。したがって「総描」とは，データ処理のできないもの——例えば，黒描家屋による1軒ずつの集落表現を，小縮尺化するためにまとめる場合（**図69**を参照）——に限定されてくるだろう。

総描に多いもう一つの誤解は，それが単なる省略と受け取られていることである。総描とは単なる省略のことではない。もちろん，省略は総描の大切な一つの方法であるが，そうしながらも，もとのデータの特徴をできるだけ忠実に伝えなければならない。言葉を換えれば，統合という観点が大事になってくる。そのためには自然・人文・歴史等についての知識が不可欠である。

最初に述べたように，総描の必要性は，①縮尺（小縮尺化）による場合，②目的による場合，の2通りがある。ただ，実際のやり方には，全く差はない。したがって，ここではまず小縮尺化のケースを取り上げて，話を進めることにする。

図70にみられるように，小縮尺化する場合，ただ単にもとの図を機械的に縮めると，地図記号は互いにくっつき合い，あるいは重なり合って，図の判読が難しくなることがわかるであろう。すなわち明瞭性を欠いてくるわけである。

図70 総描しないで縮小した例
図13の正形状図としてあげたものを，原寸大，75％，50％，25％にそれぞれ縮小した例である。50％以下では図としての読み取りが困難である。

これは小縮尺化の場合のみに起こるのではない。図の目的からはずれた，細かい表現も図を読みづらくする。図の主題とあまり関係のない事項がこまごまと表現されているのは，わずらわしいだけで，かえって主題表現の邪魔になりかねない。

図の明瞭性を取り戻すのに，この際，最も容易に考えられるのは，記号を削除して煩雑さを取り除くことである。

削除するのに，データをもう一度検討して，記号が少なくなるよう調整する方法があるのは，前に述べた通りである。むしろ，総描の前には，データ処理を行なうことが当然であろう。そのうえでなお，記号表現に無理を生じる場合に，はじめて「総描」が問題になる。

図的処理の方法としては，「削除」と「統合」がある。小縮尺化する場合，図が煩雑にならないよう，記号を単純に「削除」することはよくある。ただし，地図の主題表現の大勢に影響のないことを確かめたうえのことである。「統合」はもう少し複雑な図的処理である。小さな複数の面を一つにまとめたり，度の過ぎた屈曲を修正したりする。もとのデータの特徴を，できるだけ損なわないように，という条件のもとで，この二つは併用されていることが多い。図71はそういう例を示したものである。Aがもとの図形，Cが総描後の図形であるが，中央のアミかけの部分①は図形が変わっているにもかかわらず，面積に大きな変動はない。上のアミかけの部分②も，階段状の区画線が斜めの区画線に変わっているが，やはり面積に変化は生じていない。そして注意深く探せば，一定の面積以下の区画が数ヶ所，削除されていることがわかるだろう。総描は理論的な課題というよりは，実践的，技術的な課題である。さらに等高線と海岸線の総描についてふれてみよう。

図72は左側が国土地理院発行の2万5千分の1地形図「京都東北部」と5万分の1地形図「京都東北部」（場所は送り火で有名な大文字山付近），右側が5万分の1前掲図と20万分の1地勢図「京都及大阪」（場所は大原の奥の古知平付近）のコンターを，それぞれ縮尺を等しくして比較対照したものである。これらを見比べて，総描の具体的な方法を探ってみよう。

まず，小さな谷が省略されているが，大きな谷はそのまま残されている。谷の深さ（入り込み）もそのままである。全体をおおまかに描けばいいという考えで，谷の深さまではしょってしまうのは誤りである。事情は尾根についても同様である。そして，小さな谷を省略する場合の線の動きにも，注意してほしい。ただ単に省くだけでなく，ここに小さな谷がある，というニュアンスが読み取れなければならない。ここにあげたのは，縮尺が2分の1，4分の1になった場合の総描の例であるが，これがもっと小さく8分の1とか10分の1とかに縮まる場合は

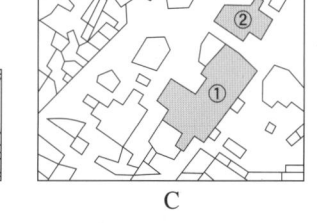

図71 面記号における「削除」と「統合」

小さな面記号の「削除」，いくつかの面記号を一つにまとめ，細かい屈曲を省きながら全体の形を整える「統合」は小縮尺化する際の大事な技法である。Aはもとの図，Bはそれを2分の1に縮小し，総描したもの，CはBをAと同じ大きさにして対比しやすくしたもの。①②とも総描後の形は変わっているが，面積には変化がないことに注意。

どうするか。一挙に作業するのは無理であるから，総描を何度か繰り返すことが必要である。

海岸線の総描も基本は同じである。図73は東北地方の例であるが，大きな湾や半島をそのまま残すところは，等高線の場合とよく似ている。さらに気をつけなければならないのは，岬や砂州やリアス式海岸の特徴をつかんで，それを生かすように描くことである。ここでも，省

縮尺1：25,000

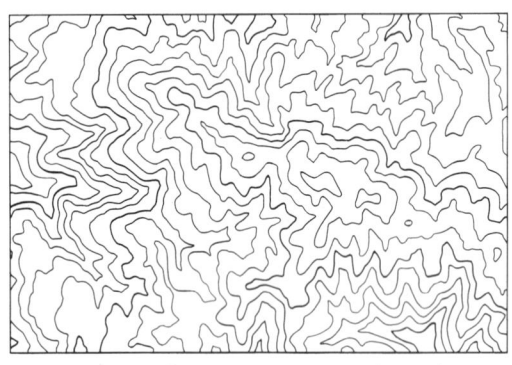

(A) 2万5千分の1「京都東北部」(55・10)から20mごとにとったコンター

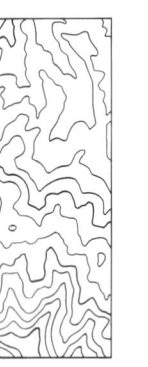

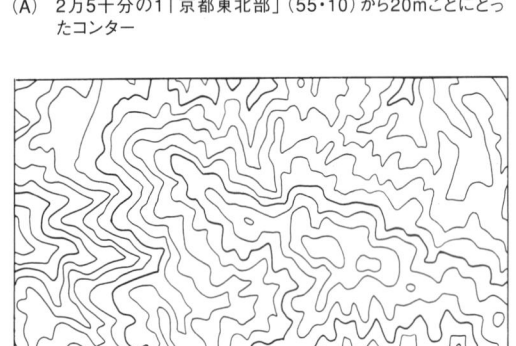

(B) 5万分の1「京都東北部」(57・3)から2倍に引伸したコンター

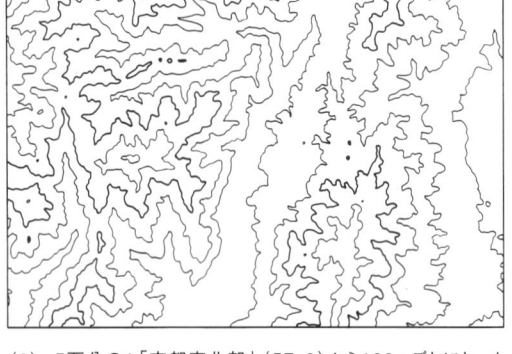

縮尺1：100,000

(A) 5万分の1「京都東北部」(57・3)から100mごとにとったコンターを2分の1に縮小したもの

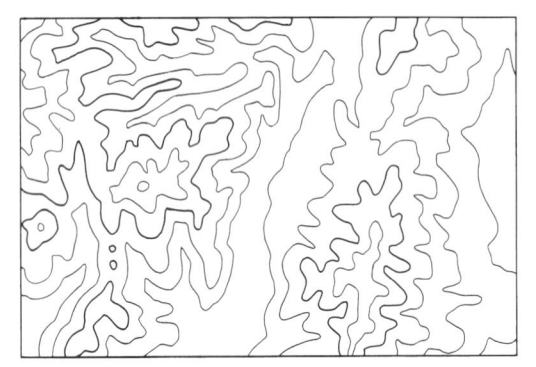

(B) 20万分の1「京都及大阪」(55・4)から2倍に引伸したコンター

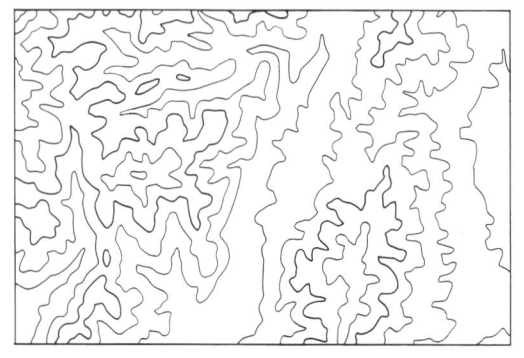

(C) (A)を総描した別のモデル

図72 等高線の総描例
細かい屈曲は省いているが，谷と尾根は元の形状をしっかりたどっている。10万分の1のCは筆者の試みたものである。

略してはいけないものの，ポイントをおさえることが肝要になってくる。図の中の○の部分がそのポイントである。

図73 海岸線の総描例
図の主題によっていずれが適当かの判断が必要である。テーマが漁港に関連するならばA，単に県別のデータを扱うだけならばCで十分である。

8 主題図の基図

9 注記について

1 注記とは

　注記とは地図記号にそえて用いる文字や数字で、標高数字や等高線の数字を除けば、すべてが固有名詞である。〒の記号の横には必ず「〇〇郵便局」と名称が入るわけで、この点、凡例がすべて普通名詞である（〒は単に「郵便局」である）のと対照的である。

　第1章で、地図の〈辞書〉は「凡例（図式）」であると述べた。実をいうと、注記も〈辞書〉の役割をになっている。

　例えば、ある線記号にそえて「国道1号線」という注記があるならば、凡例にあがっていなくても、またその線記号が一般図の図式と違っていても、その記号は「道路」であって、しかも「国道」である——ということまでわかるからである。すなわち、注記は「固有名詞」であると同時に、一般的な「普通名詞」＝「凡例」を含んでいることもある。

　また、注記は地図に記入されることによって、位置や広がりを示すことも可能である。

　一般図の場合は、図式の規定などで決められた通り、一律に注記を入れていけばよいが、主題図の場合は、テーマとの関連性の強弱によって、注記も重要なものや、そうでないものに分かれる。またテーマにとってあまり重要でなくても、その事象の存在する位置を示すために必要な注記もある。

　主題図の中で用いる注記は、それぞれの記号がもっている意味を、十分に把握したうえで、次の六つの要素に分けて、それぞれにふさわしいものを選ぶ。

　a) 書体、b) 字大、c) 字形、d) 字隔、e) 字列、f) 字傾がその六つである。このうちa) b) c) は文字そのものにかかわる要素であり、d) e) f) は文字の配置にかかわる要素である。

2 注記に用いる文字

　a) 書体　フォント、すなわち文字の体裁のことである。地図でよく使われる書体は「明朝体」と「ゴシック体」である。明朝体は縦が太く横が細い、右肩に三角の山のある書体で、種類は豊富である。ゴシック体は等線書体ともいわれ、文字の線の太さが常に一定である。これには線の太さによって細・中・太・特太などの種類がある。いずれも表題・地名・鉄道名・道路名などに広く使われるが、山系は中ゴシック体の変形文字、水系は明朝体の変形文字を用いることが比較的多い。

　これらの書体のほかには、字の角が丸くなっている「丸ゴシック体」、小学校の教科書によく用いられる「教科書体」、古来の書道体である「隷書体」「楷書体」など数多くの書体があるが、地図に用いられることはあまりない。

　ローマ字の書体は非常に種類が多い。最もよく使われるものには、センチュリーオールド・

明朝体1
主題図作成の原理と応用・注記に用いる書体(フォント)
明朝体2
主題図作成の原理と応用・注記に用いる書体(フォント)
明朝体3
主題図作成の原理と応用・注記に用いる書体(フォント)
明朝体4
主題図作成の原理と応用・注記に用いる書体(フォント)
ゴシック体1
主題図作成の原理と応用・注記に用いる書体(フォント)
ゴシック体2
主題図作成の原理と応用・注記に用いる書体(フォント)
ゴシック体3
主題図作成の原理と応用・注記に用いる書体(フォント)
ゴシック体4
主題図作成の原理と応用・注記に用いる書体(フォント)
丸ゴシック体1
主題図作成の原理と応用・注記に用いる書体(フォント)
丸ゴシック体2
主題図作成の原理と応用・注記に用いる書体(フォント)
教科書体
主題図作成の原理と応用・注記に用いる書体(フォント)
隷書体
主題図作成の原理と応用・注記に用いる書体(フォント)
楷書体
主題図作成の原理と応用・注記に用いる書体(フォント)

図74　書体例（邦文）

スタイルやさまざまなゴシック体があるが，これらを含めて多くの書体には，ライト(細)・メディウム(中)・ボールド(太)の種別があり，また字が斜めに傾いたイタリック体や，字を縦に長くなるよう幅を圧縮したコンデンス体がある。地図の中の使い方としては，小地名にライト体，大地名にボールド体を用いることが多く，水系にはイタリック体を，必ずといっていいほど使用しているのが目立つ。なお，ここにあげたフォント名は一般的な呼称であって，実際には同じ明朝体でも，メーカーごとにいくつもの種類があり，それぞれが異なった特徴をもち，異なった名称をもっている。英文字の場合，実質的にゴシック体（等線体）であっても，ゴシックの名称すらつかないものも多くあるので注意する必要がある。

　b）字大　文字の大きさのことである。活字の場合はポイント数，写真植字の場合は級数であらわしたが，現在ではワープロの文字を使うことが多い。ワープロ文字の場合は，設定しだいでポイント数，級数，ミリメートルが自由に

Century Old Style
ABCDEFGHIJKLMNOPQRSTUVWXYZ　abcdefghijklmnopqrstuvwxyz　12345678

Century Old Style Italic
ABCDEFGHIJKLMNOPQRSTUVWXYZ　*abcdefghijklmnopqrstuvwxyz*　*1234567890*

Century Bold Style
ABCDEFGHIJKLMNOPQRSTUVWXYZ　**abcdefghijklmnopqrstuvwxyz**　**12**

Century Bold Style Italic
ABCDEFGHIJKLMNOPQRSTUVWXYZ　***abcdefghijklmnopqrstuvwxyz***　***12345678***

Gothic Style
ABCDEFGHIJKLMNOPQRSTUVWXYZ　abcdefghijklmnopqrstuvwxyz　123456
ABCDEFGHIJKLMNOPQRSTUVWXYZ　abcdefghijklmnopqrstuvwxyz　123456
ABCDEFGHIJKLMNOPQRSTUVWXYZ　**abcdefghijklmnopqrstuvwxyz**　**123**
ABCDEFGHIJKLMNOPQRSTUVWXYZ　**abcdefghijklmnopqrstuvwxyz**　**1**

Gothic Style Italic
ABCDEFGHIJKLMNOPQRSTUVWXYZ　*abcdefghijklmnopqrstuvwxyz*　*12345678*
ABCDEFGHIJKLMNOPQRSTUVWXYZ　*abcdefghijklmnopqrstuvwxyz*　*123456*
ABCDEFGHIJKLMNOPQRSTUVWXYZ　***abcdefghijklmnopqrstuvwxyz***　***123***

Gothic Style Condensed
ABCDEFGHIJKLMNOPQRSTUVWXYZ　abcdefghijklmnopqrstuvwxyz　1234567890
ABCDEFGHIJKLMNOPQRSTUVWXYZ　**abcdefghijklmnopqrstuvwxyz**　**1234567890**

Courier
ABCDEFGHIJKLMNOPQRSTUVWXYZ　abcdefghijklmnopqrstuvwxyz　1234

Courier Oblique
ABCDEFGHIJKLMNOPQRSTUVWXYZ　*abcdefghijklmnopqrstuvwxyz*　*1234*

Palatino
ABCDEFGHIJKLMNOPQRSTUVWXYZ　abcdefghijklmnopqrstuvwxyz　12345

Palatino Oblique
ABCDEFGHIJKLMNOPQRSTUVWXYZ　*abcdefghijklmnopqrstuvwxyz*　*1234567*

図75　書体例（英文）

選択できるようになっている。ただ，デフォルトの設定では圧倒的にポイント（Pと表記される）が多いので，字大例はこれにならった。1P＝0.3514mmである。簡単なポイント数，級数，ミリメートルの対照表をあげておいたが，いちいち換算するよりは使い慣れるのが一番である。

注意すべきは，ポイント数などがそのまま文字の大きさを示しているわけではないことである。この数値は文字を入れる正方形の枠組みを示しているのであって，フォントによって文字の大きさは異なる。特にアルファベットについては，差が大きいので注意を払う必要がある。

5P	6P	7P	8P	9P	10P	11P	12P	13P	14P	16P	18P	20P
1.757mm	2.1084mm	2.4598mm	2.8112mm	3.1626mm	3.514mm	3.8654mm	4.2168mm	4.5682mm	4.9196mm	5.6224mm	6.3252mm	7.028mm
7.0級	8.4級	9.8級	11.2級	12.7級	14.1級	15.5級	16.9級	18.3級	19.7級	22.5級	25.3級	28.1級

5ポイント	主題図作成のガイド①主題図作成のガイド②主題図作成のガイド③主題図作成のガイド④主題図作成のガイド⑤主題図作成のガイド⑥主題図作成のガイド⑦主
6ポイント	主題図作成のガイド①主題図作成のガイド②主題図作成のガイド③主題図作成のガイド④主題図作成のガイド⑤主題図作成のガイド⑥
7ポイント	主題図作成のガイド①主題図作成のガイド②主題図作成のガイド③主題図作成のガイド④主題図作成のガイド⑤主
8ポイント	主題図作成のガイド①主題図作成のガイド②主題図作成のガイド③主題図作成のガイド④主題図作成
9ポイント	主題図作成のガイド①主題図作成のガイド②主題図作成のガイド③主題図作成のガイド④
10ポイント	主題図作成のガイド①主題図作成のガイド②主題図作成のガイド③主題図作成の
11ポイント	主題図作成のガイド①主題図作成のガイド②主題図作成のガイド③ 主題図
12ポイント	主題図作成のガイド①主題図作成のガイド②主題図作成のガイド③
13ポイント	主題図作成のガイド①主題図作成のガイド②主題図作成のガイ
14ポイント	主題図作成のガイド①主題図作成のガイド②主題図作成の
15ポイント	主題図作成のガイド①主題図作成のガイド②主題図作
16ポイント	主題図作成のガイド①主題図作成のガイド②主題図
17ポイント	主題図作成のガイド①主題図作成のガイド②主
18ポイント	主題図作成のガイド①主題図作成のガイド②
19ポイント	主題図作成のガイド①主題図作成のガイド
20ポイント	主題図作成のガイド①主題図作成のガイ
22ポイント	主題図作成のガイド①主題図作成の
24ポイント	主題図作成のガイド①主題図作の
26ポイント	主題図作成のガイド①主題図作
28ポイント	主題図作成のガイド①主題図
30ポイント	主題図作成のガイド①主題
32ポイント	主題図作成のガイド①主題

図76 字大例

c）**字形** 文字の形のことである。普通の文字は正方形に作られているが，この形を正体という。平たいものを平体，細長いものを長体，斜めになったものを斜体と名付けている。斜体は右に傾いているものを右斜体，左に傾いているものを左斜体と呼ぶ。これらは総称して「変形文字」ということもある。ワープロソフトやドローイングソフトを使えば，たいていの変形文字を作ることができる。地図の中の変形文字は，水系の左斜体，山系の長体・右斜体，鉄道や道路の長体・平体，平野や盆地の平体などが一貫して使われてきたが，平成14年2万5千分の1地形図図式では，これらが廃止され，水系，山系などはすべて右斜体に統一された。ローマ字の場合は，「書体」の項で述べたように，イタリック体やコンデンス体などで字の変形が

20ポイント正体
文字の変形□

20ポイント平体85%
文字の変形□

20ポイント長体85%
文字の変形□□

20ポイント斜体(右)
文字の変形□

20ポイント斜体(左)
文字の変形□

図77　字形例（変形文字）

すでに行なわれている。

3　文字の配置

　以上は文字そのものについての要素であった。次に取り上げるのは，文字の配置についての要素である。配置に関する第一の原則は，図中の点・線・面記号になるべく重ならないことである。とはいっても，あまり無理な避け方をすると，注記が読みにくくなって，かえって図の意味がわかりにくくなることがある。そのような場合は，できるだけ字でかくされた記号がどうなっているか想像しやすいところ（例えば直線部分の真中）にもってくるべきである。しかし，それもかなわないとすれば，注記を省くか，引き出し線を使って記号表現を残すか，の二者択一となる。このことを念頭に置いた上で，次の要素を検討する。

　a) 字隔　字と字の間隔である。注記をする記号対象がある長さをもっていたり（線記号），ある広がりをもっていたり（面記号）する場合，注記文字も長さや広がりを暗示するため，字と字の間隔をあけることが多い。この間隔は対象によってまちまちで，一律に論じるわけにはいかないが，要は注記が読みやすく，他の注記と混同して読まれることのないように心掛ければ良いことである。一般的な法則としては，**図79**に示した通りである。

　b) 字列　線記号・面記号に対して，字と字の配列を考える必要がある。普通，線記号については，それに沿わせて用いる（その際，次に述べる「字傾」も同時に考慮することが多い）。

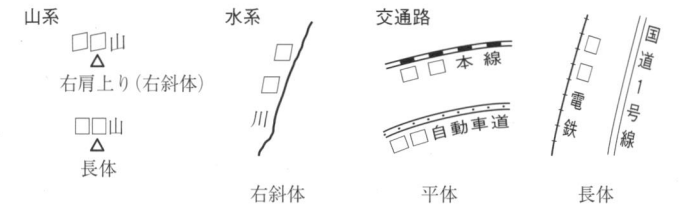

図78　地図における変形文字の使用例

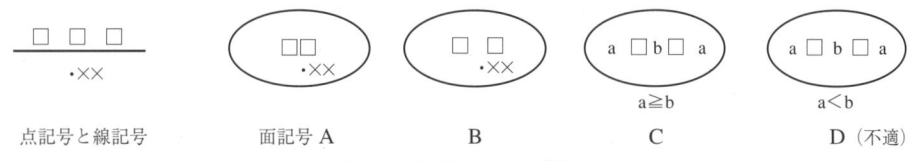

図79　地図における字隔

点記号に対する注記は字隔をとらない。線・面記号は長さや広がりを暗示して，字隔をとるのが普通である。したがって面記号の場合はBが基本であるが，図によってはAのように字隔をとらない方がわかりやすい場合もある。また，字隔をとる場合，その幅に限度がある。Cが適例でDは不適例である。

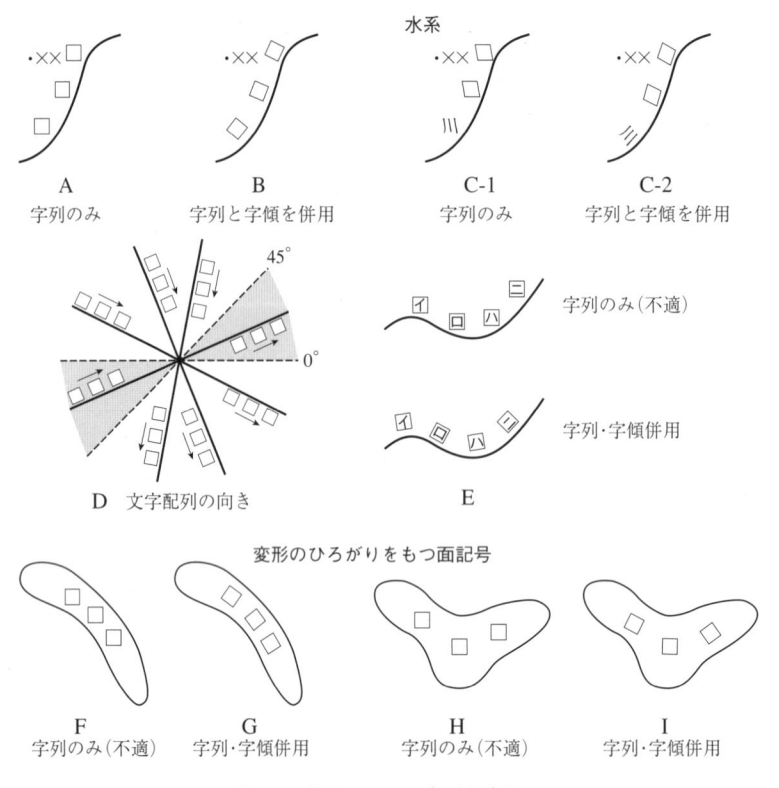

図80　地図における字列と字傾

線記号においては注記を線に沿わせて配列する場合，文字そのものも傾けるのが普通である。すなわち字列と字傾は併用することが多いのである。例外としてはC-1のように，水系の注記があげられるくらいである。国土地理院の地図では，水系もC-2のように字列・字傾を併用している。Dでは0度から45度の傾斜の範囲で，文字が下から上へ配列されていることに注意。

面記号は水平または垂直に使うのが原則であるが，面の形が斜めに細長かったり，折れ曲っていたり，不定形の場合は文字もそれに合わせて配列する必要が出てくる。例えば，真北からかなりの角度で傾いた条里の遺構地にみられる小字では，その名称は傾きに沿わさざるをえない。この場合は，次に述べる字傾も変えるのが普通である（図81）。この原則は漢字でもローマ字でも同じである。また，比較的大きな図で経緯線が記入されている場合も，経緯線の向きに沿った形で文字を配列するのが普通である。これは東西に水平，南北に垂直に配置していることになる。

字列で一番問題になるのは次のケースである。日本語は大体「上から下へ」か「左から右へ」読む。地図の中の文字も当然このいずれかで配置する。しかし，中には「上から下へ」並べるべきか「左から右へ」並べるべきか，微妙なケースが出てくる。それは左下から右上へ向かう線記号の場合で，**図80-D**に示すように水平から45度の角度におさまる範囲がそうである。結論をいえば，このケースでは「左から右へ」並べるのが適当であろう。ただし，この場合は例外なく，文字の向き（次に述べる字傾）は線への平行配置になる。

c）**字傾**　一つ一つの文字の傾き方のことである。線・面記号で字の配列を考えるとき，必ず同時に検討しなければならないのが，この字傾である。例えば，曲った線記号に文字を沿わ

図81　土地割に沿った字列と字傾〔草津市平井町の条里遺構〕
(草津市史第1巻の原図により作図)

この図では小字名を垂直に配列すると，筆界の線があちこちで切れてしまう。注記で切れた線が推定しやすいように文字を入れるのが原則である。

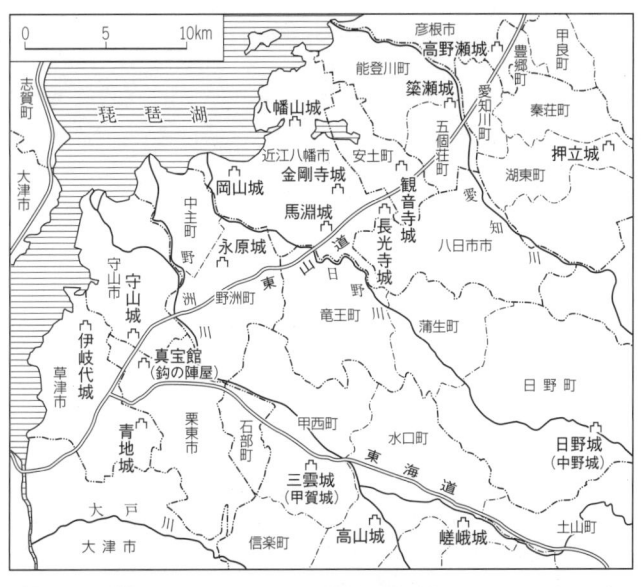

図82　主題図における注記の1例〔滋賀県南部における中世の城〕
(草津市史第1巻の原図により作図)

中世の城の分布がテーマで，交通路が副次的なテーマである。河川や現在の市町村名は基図の部分なので，あまり目立っては都合が悪い。

せるとき，字の傾きを変えないで，まっすぐ階段状に配置する場合と，字の角度を線に一致させて配置する場合がある。前者の例には河川の名など水系の注記によくみられ，後者は鉄道名や道路名などに広くみられる。国土地理院では，水系の注記も後者の方法をとっている。字の角度を変えるこの方法は，線記号に対してだけでなく，例えば山脈名など線記号に準ずるものとして，また面記号でも変形の広がりをもつものには，字傾を与えることが多い。なぜかといえば，ある曲線に字を沿わせる場合，字の間隔があいているにもかかわらず，文字そのものの傾きが水平・垂直のままであると，線記号に対する注記であることがわかりにくい。もしすぐ近くに他の注記文字があり，書体や字大が似ていると，そこへ続けて読まれるおそれがあるからである。

以上，注記にまつわるさまざまな要素について述べてきたが，主題図の場合，実際の使い方は千差万別である。常識的にいえば，テーマおよびそれにとって重要なものは，大きな字で書体を太く目立つものを用い，テーマとの関連性がうすくなるにつれ，字大は小さく，書体も細いものに変わっていく。主題図における基図のところで述べたように，ここでもテーマをきわだたせるような注記の使い方が必要になってくるわけである。一般図では市町村名などは，個々の地点を示す注記よりは大きく，目立つのが普通であるが，主題図ではこれが逆転することもある。重要な事象が二つ以上ある場合は，同じように目立たせるにしても，書体や字形（変形文字）を変えることによって差をつける（図82）。

色について　10

　色は視覚変数の中で最も変化に富み，地図表現の可能性を拡げてくれる。地図の媒体はかつてのように紙だけではなくなった。パソコンや携帯電話，カーナビゲーションと媒体は広がり，色彩豊かな地図が提供されている。後述するように，色光のRGBシステムでも色料のCMYKシステムでも，三原色から無限に近い色を出すことが可能である。地図表現は無限の豊かさをもつことになるが，地図の彩色はどのような原理に基づいて，どのように適用できるかをみていくことにする。

1　色とは何か

　光線が物体に当たった場合，吸収される光と反射される光がある。人の目には，反射された光がその物体の色として認識される。そのメカニズムを記すと，次のようになる。

　反射された光が人の目に入ると，網膜の錐状体が色素層で感じとった刺激を電気信号に変え，視神経を通じて脳に送る。そこで，視覚とともに人は色を感じるのである。光が反射される場合だけでなく，光源そのものの色を感じる場合があり（あらゆる照明，ネオンサインなど），また，光源からの反射でなく，ある物体を通した光源からの透過光線を感じる場合もある（ステンドグラスなど）。

　光自体がもつ色を光源色といい，透過光線の色を透過色，物体が反射した色を反射色（表面色）とよぶ。透過色と反射色は物体色と総称される。

　ところで，われわれにとって，最もなじみの深い光線は太陽光である。プリズムを通して太陽光を分解し，波長の長い方から短い方へ，赤-橙-黄-緑-青-紫と色が並ぶことを示したのはニュートンであった（1666年）。つまり，色とは波長の異なる電磁波なのである。波長の長さ380〜780nm（ナノメートル）が可視光の範囲である（**図83**）。ちなみに，太陽のスペクトルの色は，それ以上，分色されることはない。したがって，赤-橙-黄-緑-青-紫と並ぶ，これらの色を単色光という。色の基本単位と考えていいのである。

　ニュートンは太陽光をプリズムで分光したが，同時に，分光された色光を収束すると，もとの太陽光（白色光）に戻ることも実験で示した。ところで，太陽光のスペクトルを長波長域，中波長域，短波長域に分けると，色はそれぞれ赤，緑，青になる。太陽光のスペクトルにあらわれる，すべての色を収束すると白色光になったが，この三つの単色光を混ぜることでも，同じ効果をあげることができる。

　単にそれだけでなく，この三つの色を混色することで，あらゆる色を出すことができる。したがって，赤・緑・青の三つを「色光の三原色」という。通常，R(Red) G(Green) B(Blue)と呼ばれていて，テレビやパソコンのディスプレイの表示に使われている（色光の青は通常の

10　色について　79

イメージと違い，ずっと紫がかっている。太陽光の最も波長の短い領域が紫であることを考えれば納得がいく）。

RGBでは赤・緑・青のうち，二つないし三つの色を加えることで，新しい色を作りだしていく。この方法を，加法混色という。加法混色によれば，赤と緑を混色してイエロー（黄），赤と青を混色してマゼンタ（赤紫），緑と青を混色してシアン（緑みの青）が得られる（図84）。

ところで，前記の色を絵の具で混ぜ合わせると，どうなるだろうか？　赤と緑からは濃い灰色，赤と青からは紫，緑と青からは青緑……と，全く違う色になるはずである。絵の具や染料，顔料などを総称して色料というが，色光と色料の混色は別の原則によっている。色光の混色が加法混色であるのにたいし，色料の混色は減法混色という。ここでマゼンタとシアンを減法混色する場合を考えてみよう。

マゼンタは赤（長波長域）と青（短波長域）を加えてできた色である。すなわち中波長域が発色していない（吸収されている）。シアンは緑（中波長域）と青（短波長域）を加えてできる。すなわち長波長域が吸収されている。減法混色によれば，マゼンタとシアンの重なった部分では，マゼンタは中波長域を，シアンは長波長域を吸収して消してしまう。残るのは双方の短波長域で，RGBでいう青（紫みの青）が残る。また，マゼンタ，イエロー，シアンの三色を混色すれば，すべての波長域が吸収されて色がなくなる。すなわち，黒になるわけである（図85）。

減法混色という言葉は，光を取り除く（引く）という意味である。考えてみると，この言葉は色料の混色についての用語であることがよくわかる。物体の反射色は，反射される光以外はすべて吸収され，取り除かれているからである。図85はわれわれになじみの世界である。マゼンタとイエローを混ぜれば橙ができる。イエローとシアンを混ぜれば緑になる。シアンとマゼンタを足して紫。これはまさしく絵の具やインクの世界である。光の世界からみれば，色が吸収され減色されているのに，色料の世界では絵具を足す（加える）という作業をするので，少し錯覚を起こしやすいが。

色料の世界では，マゼンタ，イエロー，シアンのうち，二つか三つを混色すれば，あらゆる色を創出することができる。したがってマゼンタ（Magenta）・イエロー（Yellow）・シアン（Cyan）の三色を「色料の三原色」という。もっとも，理論上はこの三色を重ねたら黒になるはずであるが，印刷の場合は，紙の種類でインクの吸収率などが違い，実際にきれいな黒を出すことは難しい。そのため，印刷の現場では，CMYに加えてK（Black）の四色を使うことが基本になっている。色光のRGBシステムに対し，色料ではCMYKシステムになる。

RGBの各色を256階調の組み合わせで色を作る。したがって，表示できる色の数は256×256×256＝16,777,216色になる。一方，CMYKでは各色を1％きざみで色指定をした場合，理論上は101×101×101×101＝10,406,040色が可能で，実際にはコンマ以下の指定もできるから，実現できる色は膨大な数になる。ただし，これはすべてをもれなく写す理想的な紙，理想的なインクがあっての話で，現実とは別である。

2　色の三属性

色の構成をあらわすには，さまざまな方法がある。しかし，最も有名なのは，マンセルシステム，PCCS（日本色研配色体系），オストワルトシステムの三つで，いずれも色の三属性として，①色相（Hue），②明度（Value, Lightness），③彩度（Chroma, Saturation）をあげている。

色相とは「いろあい」のことである。太陽光のスペクトルは赤－橙－黄－緑－青－紫の順に並んでいるが，人工的に赤紫の色を加えると，スペクトルを丸く並べ，紫から赤紫をへて再び

赤につなぐことができる。これを色相環とよぶ。

マンセルシステム，PCCS（日本色研配色体系），オストワルトシステムのいずれもが，色表示の方法として色相環を用いている。ただ，システムによって基準になる色の数が違い，色を分割する方法，そして色相環のまわる方向に違いがある。とはいえ，赤から黄，緑，青，紫をへて赤に戻ってくる順序に変わりはない。本書ではPCCS（日本色研配色体系）の色相環を挙げておいた（図86）。その理由は，この24色の色相環の中に，色光の三原色（赤・緑・青）と色料の三原色（マゼンタ・イエロー・シアン）が含まれているからである。

色相環は色の連続性と順序を同時にあらわし，また，対蹠的な色も指し示している。すなわち，色相環の対向位置にある色は，それぞれが補色の関係にある。互いの色を混ぜた場合，無彩色（灰色）になるのを物理補色といい，ある色（例えば赤）をしばらく眺めたのち，白い紙などに残像としてあらわれる色（この場合は緑）を心理補色という。PCCS（日本色研配色体系）の色相環の補色は心理補色であり，マンセルシステムとオストワルトシステムの色相環は，物理補色を用いている。心理補色と物理補色は必ずしも一致するわけではないが，色相の差は100分の1程度である。

色相環には大事な色が欠けている。白と黒，そして中間の灰色である。これらは無彩色といい，色相環の色を有彩色といって区別する。白と黒の間を，物理的な反射率にしたがって分類すると，さまざまなグレースケールができる。光を反射する率が高いほど，色は白っぽくなり明るくなる（光をすべて反射した色が白である。逆に光をすべて吸収すると黒になる）。

明度とは「あかるさ」のことである。ただ，物理的な反射率と感覚としての明度の間には乖離がある（47頁参照）。マンセルシステム，PCCS（日本色研配色体系），オストワルトシステムの明度段階区分は，区分の基準は違うが，いずれも感覚的に差が等しく見えるように設定し，全体として明度を8～9段階に分けている。黒と白だけでなく，有彩色についても，明度の違う同色の系列を作ることができる。一方の極に色相環の代表色があり，段階的に色が淡くなって，他方の極に白を配することになる。見方を変えれば，これは「濃淡」という視覚変数と同じである。

PCCS（日本色研配色体系）の色相環によっても，それぞれの色はすでに固有のあかるさ（明度）をもっている。黄色がもっとも明るく，紫がもっとも暗い（図102参照）。

一方の極に色相環の代表色をおき，他方の極にその色と同じ明度の灰色をおく。代表色と灰色を混ぜながら，その中間も同じ明度になるように段階区分していくと，ここに彩度の違う同色の系列ができる。

彩度とは「あざやかさ」のことである。灰色の混じっていない色を純色といい，灰色の混じった色を濁色という。色相と明度はそれぞれ独立して扱うことができるが，彩度だけを取り出すことはできない。彩度はつねに色相，明度に付随したものなのである。図87に色相・明度・彩度の関係を示したオストワルトの色相面をあげておいた。

彩度に関しては，もう一つの観点がある。補色を混合すると，色光の場合は白になり，色料では黒になる。補色の明度をあげて混色すれば灰色になる。色料の場合，補色を両端に置いて，双方の色を混ぜ合わせていくと，灰色の部分が出てくるのである。両端の色は純色，中間の色が濁色になる。濁色ではないが，彩度の観点から，補色の混合色（灰色）に準ずる色として，茶色をとりあげることができる。茶色は色相環の中にない。しかし，茶色は色料の三原色を混ぜてつくることができ，しかも彩度は下がる。茶色は他の色との調和の観点からも無視できない色である。

PCCSでは，明度と彩度の複合概念ともいえる12種の「トーン」を設定している。色相の同じ系列においても，明暗・強弱・濃淡・深浅といった調子の違いがあることに着目して決められた。まず，基本的なトーンを決めてしまえば，色調の調和のとりやすいのが特徴である。逆に，ある色を目立たせたい，と考えるときにも明度で差をつけるか，彩度で差をつけるか，の判断をつけやすい。図88に示した。

3　色のイメージ

　地図に彩色する場合，色のイメージを使うことがよくある。色彩心理の面から，色のイメージについて考察することは欠かせない（図89）。大別すると，錯覚によるもの（①，②）と心象（③～⑨）——文字通り心に残る印象によるものとがある。

①**進出色と後退色**　色によって，手前に見える色と引っ込んで見える色とがある。一般的に，暖色は近くに見え，寒色は遠くに見えるが，明度の高いものも手前に見えるという法則があるので，色相環の中では黄色が進出色の典型，紫色が後退色の典型である。地図は基本的に地表を真上から見た姿である。そこで手前に見える色は標高が高いこと，遠くに見える色は標高が低いか，または深度が大きいことに置き換えられることがある。目の錯覚を利用したこの方法は，地図表現でよく使われる。

②**膨張色と収縮色**　同じ面の区画に色を配した場合，その面が拡大して見える色，縮小して見える色がある。暖色系が膨張して見え，寒色系が収縮して見える。明度の高いものほど大きく見えるのは，進出色・後退色の場合と同じ。

③**暖色と寒色**　暖かく見える色，寒そうに見える色は，ほとんどすべての人に共通するイメージである。色相でいえば，紫みの赤から黄色までが暖色，青緑から青紫までが寒色，その他は中性色ということになるが，明度を考慮に入れると，事態は少し複雑化する。すなわち，黄緑は中性色であるが，明度が低ければ（濃い黄緑になれば）暖色に近づき，明度が高く（淡く）なれば寒色に近くなる。暖色の橙ですら，淡い色になればなるほど，やや冷たく感じる。

④**派手な色と地味な色**　派手な色は色相でいえば，赤を中心とした半円の範囲，彩度が高い純色の集まりであり，地味な色は青を中心に彩度がたいへん低い，濁った色の集まりである。

⑤**陽気な色と陰気な色**　イメージとしては，④とほぼ重なる。明度よりも彩度の影響が大きい。

⑥**軽い色と重い色**　色そのものに重さはないので，あくまでイメージである。これは明度で差がつく。当然，明度の高い（淡い）ものが軽く，明度の低い（濃い）ものが重い。彩度でみると，高い純色の方が軽く，低い濁色は重い。

⑦**乾いた色と湿った色**　色相でいえば赤みの橙から黄緑までが乾いた色，青緑から青みの紫までが湿った色である。ただし，明度が高くなって，色が淡くなるほど乾いた印象が増す。

⑧**柔らかい色と硬い色**　色相にかかわらず，彩度・明度が低くなれば硬い印象がある。柔らかい印象を与えるのは，明度の高い色である。

⑨**弱い色と強い色**　④の派手な色を少し濁らせると，印刷用語でいう「押し」の強い色が得られる。弱い色は濁りのない（彩度の高い），しかも淡い（明度も高い）色である。

4　地図の彩色

　これまで色について，さまざまな考察をして

きた。色には三つの表現要素（属性）がある。「色相（いろあい）」「明度（あかるさ）」「彩度（あざやかさ）」がそれで，地図の色彩表現は，これらをある時は単独で，ある時は組み合わせて用いる。

色がどの視覚変数を代用できるかといえば，形・方向・模様（階調模様）・濃淡の4つである。逆にいうと，色だけで大きさを代用することはできない。

ここからわかることは，色を使って表現できるデータは，名目尺度と順序尺度に限られるということである。比例尺度のデータを色であらわすことはできない。数量を比例表現であらわすことができるのは大きさ・長さ・個数といった視覚変数にのみ可能である。転換データは特殊な条件のもとで用いると，効果をあげることができる。

地図に彩色をする場合，色相・明度・彩度の三属性の中で，最も基本的な属性は色相である。色相環は色の連続性と順序を同時にあらわしており，地図表現にとってきわめて大事な要素を含んでいる。具体的にいえば，これは順序尺度をあらわす際の，重要なファクターになる。ただし，色相環の順序に従うといっても，色相環の中の太陽のスペクトルの部分，赤－橙－黄－緑－青－紫とつづく全体，もしくは一部分を用いることを意味している。色相環とは太陽のスペクトルに人工的に赤紫の色を加えて，環につないだものであった。地図で順序尺度を表現する場合，人工的な赤紫の部分を使うことはなく，実質的には太陽のスペクトルの順序を踏襲することになる。視覚変数の項で，色の補助変数としてスペクトルをあげた（26頁）のはこの理由による。ただ，色彩学の観点からは，色相環を用いて説明するのが一般的である。

明度は（イコール「濃淡」であることでもわかるように）もともと順序尺度の表現に適しているとはいえ，単独では4〜5段階を区別することができるにすぎず，彩度とともに色相の補助的な変数として使われることが多い。

名目尺度の地図を彩色するときは，①慣用例にしたがう，②イメージから色を決める，③面積の大小を考慮して決める，などの判断をしなければならない。②のイメージには，対象となる事物の色のイメージをシンボリックに配色するケースがあり，逆に色のイメージを使って地図を彩色するケースもある。この①②③は並列的に考えるのではない。①を検討したのち，これで解決しないものは②を使って色を決定し，①でも②でも決めがたいものは③を考慮する。すなわち，番号は判断の順序を示しているのである。

デザインとしての地図の色は，テーマになったことがほとんどないように思われる。もちろん，地図は通常のデザインとはかなり違う。地図としての〈文法〉があるからで，これを守りつつ，色彩としての調和をはかることは必要であろう。地図の色を選ぶ際，同じ色でも色相環の中に近似色は数種類あり，明度・彩度も自由に決めることができる。色の系統が決まっていても，具体的な色は，相当数の中から選ばなければならない。これから12の地図のタイプ別に行なう色の考察は，ごく基本的な組み合わせについて述べるに過ぎない。

a）名目尺度の点記号図

図23で「形」の代わりに「方向」という視覚変数が有効であると述べた（35頁）。ただし，彩色できるなら話は別である。図90は色相を変えただけで，住民集団の分布状況を見事に表現している。もっとも点記号の場合，テーマの記号は必ずしも大きくないので，はっきりした色使いは必要であろう。PCCSのトーンでいえば，右の方に属するビビッド（さえた）・ブライト（あかるい）・ストロング（つよい）・ディープ（こい）など。特定の記号を強調したいときは，明度と彩度を加減して，他の記号とは際立った特徴をもたせる。

b）順序尺度の点記号図

「色」で「大きさ」を代用することはできない，とはすでに述べた。この場合の「大きさ」は「大きさ（比例的）」をさしている。しかし，定量データではあっても，段階区分された場合，定性的な序列尺度と同じように扱うことができる。「大きさ（段階的）」はスペクトルの順序にしたがって表記できる。

順序をあらわすのに，特定の色の明度のみ，あるいは彩度のみであらわすことも，理論上は可能である。ただ，色相を用いて順序だてるのに比べると，表現できる段階は少ないうえ，良質の紙とか良質のモニタなどが必要になろう。表現の基本はやはり色相である。

c）比例尺度の点記号図

比例尺度では定量データを「大きさ（比例的）」で表現する。当然，色のみで「大きさ（比例的）」を代用できない。しかし，定量データを「大きさ」であらわし，その記号を補助的に彩色することは当然できる。その場合，色は定量データの名目（人口や生産高など）に使用されているわけである。

d）名目尺度の線記号図

名目尺度の線記号の彩色は，点記号の場合と同じ原則による。色相を変えるのが基本で，明度・彩度を補助的に用いる。線記号を明瞭に区別できる，はっきりした色使いをすることも同様である。

e）順序尺度の線記号図

順序尺度の線記号を彩色する場合，定性的な序列尺度はスペクトルを使って区別する。上位の線記号は「強く」，下位の線記号は「弱く」示すのが原則である。定量的な線記号は「太さ（幅）」という視覚変数を用いるのが原則で，「色」で「太さ（幅）」の代用をすることは，基本的に無理であるが，やはり段階区分すればスペクトルの順序に従って表現することができる。線の錯綜しやすい，この種の地図では『日本国勢地図帳』の「交通量図」のように，線の太さを色で代用させると，すっきりした図に仕上げることができる（**図91**）。この場合は，大都市圏ほど交通量が増えて，道路の線が太くなり，錯綜することを考えると，実際には，色で代用する以外に表現方法はない。

f）比例尺度の線記号図

繰り返しになるが，「太さ（比例的）」を色で代用することはできない。色を用いるとすれば，線記号の名目に対してである。

g）名目尺度の面記号図

まず，慣用例から検討する。土地利用図における商業地区（濃い赤系），住宅（赤系），工業地区（青系），水田（黄系），果樹園（橙系），公園緑地（緑系），荒地（茶系）などは，あまり慣用例から外れるわけにいかない。**口絵1**〔三田市南部の土地利用〕や**図92**〔羽曳野市中心部の土地利用〕がその例である。微妙に色合いの異なるのは修辞の違いであって，基本的な〈文法〉すなわち慣用例は守られている。地形分類図で純粋に慣用例といえるのは後背湿地（青系），自然堤防（黄系）などにすぎないが，段丘は下位から中位，上位へとだんだん高く見えるような工夫が必要である。色のイメージで解説した，進出色と後退色を用いる（**図93**）。地質図では，火成岩で彩度の高い純色を使う（花崗岩なら赤系，閃緑岩なら緑系），堆積岩は色の指定こそないものの，地層の新しいものは淡い純色，地層が古くなるにつれて濃い濁色を使用するならわしである（**図94**）。植生図では，一次植生は濃い緑系，二次植生は淡い緑系を用いるが，人工植生になると，赤や茶を加えるように決めていく。

慣用例は広く社会に認知されていることが多いので，そのまま踏襲しておく方が，よけいな誤解を避けることができる。ただし，必ず守ら

なければならないと決められているわけではない。図によってさまざまなアレンジは許されている。例えば，先にあげた土地利用図における果樹園にしても，それがブドウの産地であるならば，紫に近い色を使うことは差し支えないばかりか，むしろ望ましいとさえいえる。

慣用例で注意すべきことといえば，明度・彩度を援用した微調整であろう。例えば土地利用図において，慣用例にしたがい水田に黄色を使った場合，色相環の色をそのまま使ったとすると，黄色は最も彩度が高くなり，拡散して見える傾向がある（膨張色と収縮色）。その地域で水田がだんだん広がっているならば，問題はないが，もし逆に宅地開発が進んで，水田が転用され減少しているならば，黄色の明度をあげ，彩度は低くして黄色の拡散する傾向を中和しなければならない。

慣用例で決まらない色は，次にイメージを手がかりにする。イメージには二通りの考え方がある。一つは事物の持っているイメージをシンボリックに使う場合，もう一つは色のイメージを逆用して事象や事物にあてはめていく場合である。

先程あげたブドウ園の紫色の例は前者の考え方による。ブドウが固有にもっている色をイメージし，シンボル的に用いたもので，このような色の決め方をするケースは多い。自然植生図や土壌図はその例である。しかし，この二つの図は目に見えた色のとおり決めようとすると，ほとんど色に差がつかないので，いろいろな工夫は必要である。自然植生図では前述のように，一次植生，二次植生，人工植生を大別するが，どうしても緑系の色が多くなるので，他の色をアレンジする必要にせまられる。ポイントになるのは赤や黄の系統の色をどこで使うかである。花や果実に特徴のある植生，紅（黄）葉する樹林などに注意し，樹皮の色や植物の環境（水辺か乾燥地かなど）も検討材料に加える。また，密生した樹林の感じを出すには，緑系でも濃い濁色が望ましく，ほとんど植物の生えないところは，土の色や氷の色をアレンジし，空白（不在）の感じを出すのに明度をあげる。色が濃いと，なにかが存在することを暗示するように受け取れるからである（図95）。

土壌図では，土壌の色である黄褐色，灰色，灰青色などを強調して用い，比重や目の粗さは明度，彩度を加減して決める。トーンでいえば，ペール・ライトは比重が軽く，ディープ・ダーク・ダルなどは比重が重い。色のイメージのうち，⑥軽い色と重い色，⑧柔らかい色と硬い色が参考になる。

以上は事物のイメージをシンボル化して，地図の色に用いる話であった。

一方では，色のイメージを事物，事象にあてはめることも多い。例えば気候区分図において，暖色と寒色の対比，乾いた色と湿った色の対比が重要なファクターになることは分かるであろう。熱帯の気候は高温のイメージから赤系の色，乾燥帯の気候は，もっとも乾いて見える黄色を中心に構成する。寒帯・冷帯の気候は，寒いイメージの青系の色にならざるを得ない。温帯の気候は，これらの中間をとって，暖色でも寒色でもない中性色の緑系の色でまとめることになる（図96）。

単色地図で「模様」を当てはめる場合，①慣用例，②イメージのいずれでも決定できないときは，③広がり（図上の面積）の大小を考慮する，と述べた。図のバランスをとるために，面積の大きなものは淡く，面積の小さなものは濃くする，というものである。色を使う場合も同じである。濃淡は，色の場合，明度に相当する。

図97はアトランタ都心の土地利用をあらわしている。七つに分類された土地利用を，相互にほぼ等しい印象を与えるように決めようとすると，図の中で面積の最も小さい「小売り施設」の色は他に比べて明度を低く，すなわち色調を濃くしなければならない。面積の大小と色の濃淡を反比例させて使うやり方で，全体のバラン

スが保たれる。

　地図によっては図上の面積に大きな差を生じる場合が少なくない。彩色するときには，色の面積効果も同時に知っておかなくてはならない。同じ色を塗りこんだとして，面積の大小でどんな変化が生まれるだろうか。明るい色の場合，面積の大きな方がより明るくなり，暗い色の場合も，やはり面積の大きな方がより暗く感じる。鮮やかな色，くすんだ色についても，面積の大きなものは，その特徴をより誇張する。印刷に際し，小さな色見本で色指定をし，出来上がってきた実物を見て，色の印象が違いすぎるのに驚くことが少なくない。

h）順序尺度の面記号図

　コロプレス図を彩色するには，太陽のスペクトルの順序にしたがう。問題はどの色からはじめて，どの色で終わるかである。これには色のイメージが活用される。例えば，人口増減をあらわしたコロプレス図ならば，増加した地域には賑やかさを感じさせる色（赤・橙系），減少した地域には淋しさを感じさせる色（青系）をもってきて，その間を黄・黄緑・緑・青緑などでつないでいく。増加と減少をはっきり分けたいのであれば，増加率0のところで，わざと1色をとばす。スペクトルや色相環をうまく使えば，連続と同時に断絶をもあらわすことができるのである。コロプレス図は，赤からはじめて橙－黄－黄緑－緑－青緑とつなぎ，青で終わる地図が多いが，印刷物などの場合は，赤から黄色までの狭い範囲で，明度を変え，彩度を変えて序列をあらわすこともできる。口絵2〔堺市の市域拡張〕では，①と②で用いるスペクトルの範囲を変えて表示してみた。図98〔三田市南西部の段丘面分布〕は四つの段丘面群を分け，さらに群の中を細分化するという二重構造になっている。四つの段丘面群はそれぞれ固有の色を持ちながら断絶には至らず，遷移をあらわすように工夫してある。また，群の中の色配置は濃い－淡いの順序と，逆に淡い－濃いの順序の二通りがあるが，赤松峠面1から三田面6までの高度差（段丘生成の順序）を的確にあらわすための措置である。

i）比例尺度の面記号図

　この種の地図があまり存在しないことはすでに述べた。絶対的な数量を面記号であらわす，しかも比例表現で図化することは不可能なのである。また，相対的な比率をあらわす場合でも，「階調模様」や「色」で百分比することも不可能に近い。まれな例としてあげた，近世の所領配置図を色に変換することは可能である（図104）。

j）ドットマップ

　ドット記号を種類別に色であらわすことは，通常考えられない。なぜなら，違うドットが重なり合ったときに，その色が変わってしまうからである。したがってこれまで作成されたのは，分布域の重ならない小麦と綿花の分布図などに限られていた。

k）等値線図

　等値線そのものを，色を変えて表現することはほとんどないといっていい。しかし，等値線と等値線の間を「諧調模様」により，面記号化することができたように，色を用いて面記号化することもできる。

　その際の色相・明度・彩度の使い方は，順序尺度の面記号図の表現と同じである。太陽のスペクトルを用いることも同様である。ただ，等値線図の中には気象・気候に関するものが多い。スペクトルを使うにしても，はじまりの色，終わりの色の選定には注意を払う必要がある。気温の図なら暖色・寒色のイメージで，高い方を赤，低い方を青に決めて問題はない。降水量の図になると，乾いた色・湿った色のイメージが大事になる。すなわち，降水量の多いところ

図83　太陽のスペクトル（本文79頁を参照）

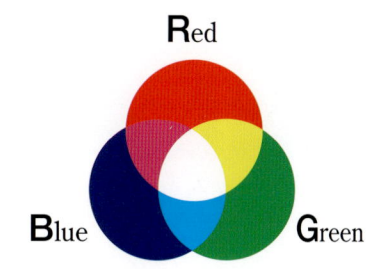

図84　色光の三原色と加法混色
（本文79，80頁を参照）

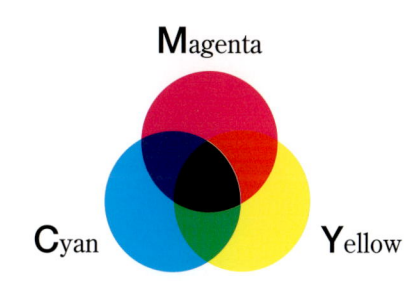

図85　色料の三原色と減法混色
（本文80頁を参照）

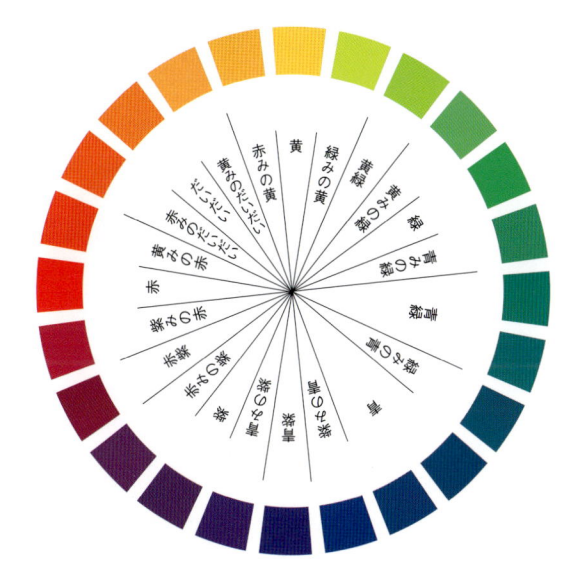

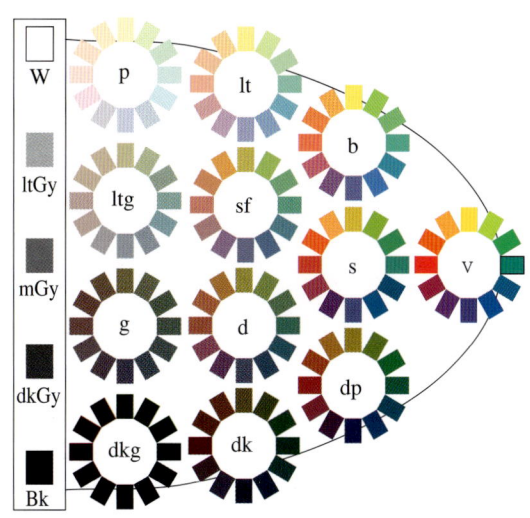

図86　PCCS（日本色研配色体系）の色相環
—資料提供・日本色研事業（株）—
色を弁別する基本が色相である。さらに色相環は色の連続性と順序を同時にあらわしているので、順序尺度の地図の彩色には色相環を参照することが不可欠である。（本文81頁を参照）

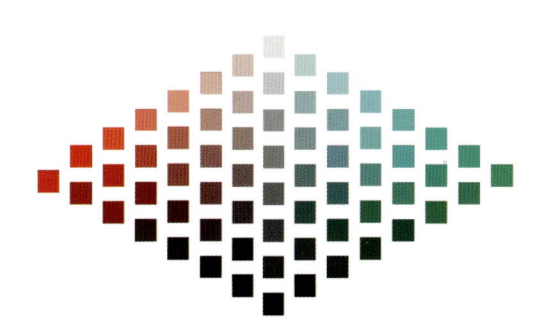

図87　オストワルトの等色相面

左端の色が赤の純色，右端の色が緑の純色である。中央に無彩色のグレースケールが明度の順に8段階並んでいる。中央の明度に合わせて色と灰色を混ぜていくと，図のような正三角形を二つ合わせた菱形の中に，明度と彩度の異なるさまざまな色を配置することができる。この表示システムはすっきりしていて，色相と明度・彩度の関係がわかりやすい。（本文81頁を参照）

W：ホワイト	p：ペール（うすい）	lt：ライト（あさい）	b：ブライト（あかるい）
ltGy：ライトグレイ	ltg：ライトグレイッシュ（あかるいはいみの）	sf：ソフト（やわらかい）	s：ストロング（つよい）
mGy：ミディアムグレイ	g：グレイッシュ（はいみの）	d：ダル（にぶい）	dp：ディープ（こい）
dkGy：ダークグレイ	dkg：ダークグレイッシュ（くらいはいみの）	dk：ダーク（くらい）	v：ビビッド（さえた）
Bk：ブラック			

図88　PCCS（日本色研配色体系）のトーン分類
—資料提供・日本色研事業（株）—
トーンは明度と彩度の複合概念といえる。トーンにはそれぞれの色相環が対置されていて，色調の調和がとりやすい。（本文81頁を参照）

10　色について　87

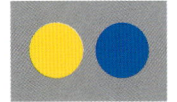

① 進出色（左）と後退色（右）

グレーの地に対して，左の色は手前に見え（進出色），右の色は向こう側に見える（後退色）。

② 膨張色（左）と収縮色（右）

左右の丸は同じ大きさであるにもかかわらず，左の方が右に比べて大きく見える。

③ 暖色（左）と寒色（右）

④ 派手な色（左）と地味な色（右）

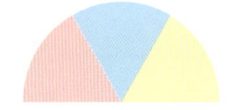

⑤ 陽気な色（左）と陰気な色（右）

⑥ 軽い色（左）と重い色（右）

⑦ 乾いた色（左）と湿った色（右）

⑧ 柔らかい色（左）と硬い色（右）

⑨ 弱い色（左）と強い色（右）

図89　色彩のいろいろなイメージ（本文82頁を参照）

図90　「色」を「形」の代用とした例
（本文83頁を参照，単色図は35頁）

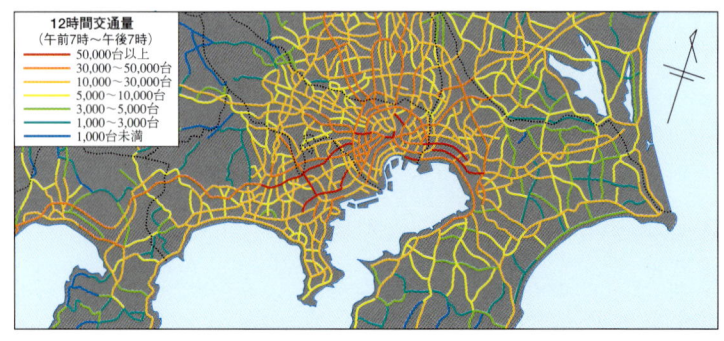

図91　色で数量を表現した例〔自動車交通量〕
（新版日本国勢地図1990の原図により作図）
色で数量を表現した流線図の珍しい例である。（本文84頁を参照）

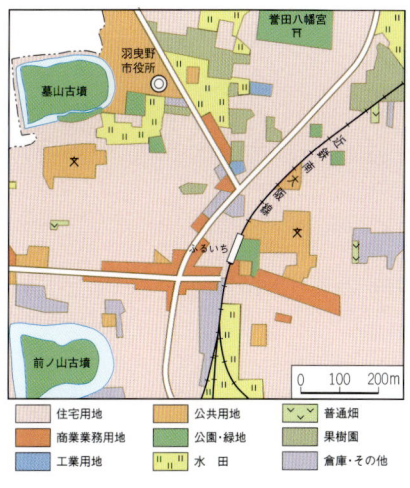

図92 色を用いた土地利用図
〔羽曳野市の土地利用（1979年）〕
（羽曳野市史史料編別巻の原図により作図）

慣用例の多いのが土地利用図の特徴である。それでも，この図では果樹園の色をイチジク栽培に合わせて決めている。（本文84頁を参照，単色図は48頁）

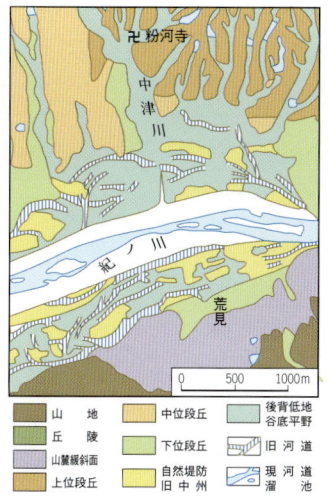

図93 色を用いた地形分類図
〔粉河町の地形分類〕
（粉河町史第1巻の原図により作図）

凡例の順序はだいたい高度の順に並んでいる。高いところは進出色，低いところは後退色を使っている。（本文84頁を参照，単色図は48頁）

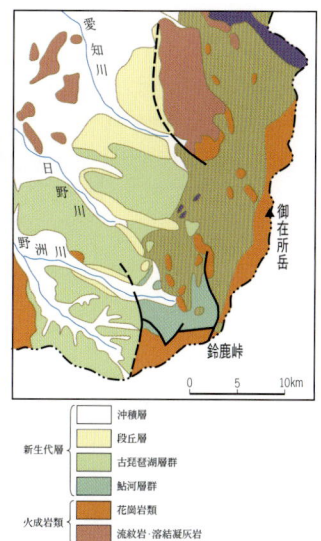

図94 色を用いた地質図
〔滋賀県東南部の地質〕
（滋賀県百科事典の原図により作図）

火成岩は慣用例に従うことが多い。地層の古い堆積岩は濃い濁色，新しいものは淡い純色を使う。（本文84頁を参照，単色図は49頁）

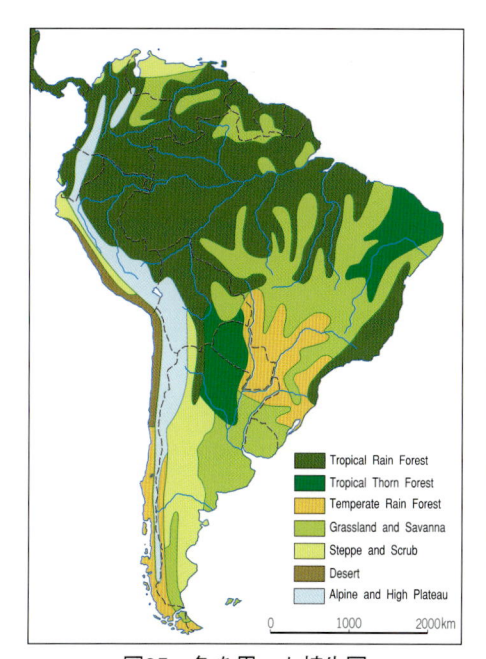

図95 色を用いた植生図
（Philip's Concise World Atlasの原図により作図）

基本的に植生のイメージで色を決めている。熱帯雨林，紅葉する温帯林，砂漠，高山植物などイメージしやすい色から決めていく。（本文85頁を参照）

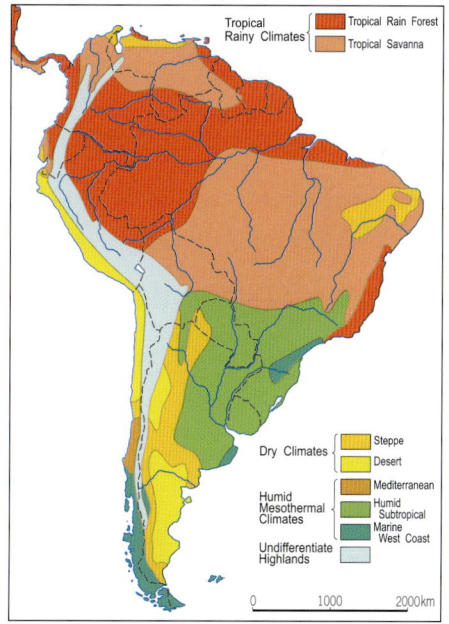

図96 色を用いた気候区分図
（Good's World Atlasの原図により作図）

色のイメージを気候にあてはめている。熱帯は暑いイメージの赤系，寒帯は寒いイメージの青系，乾燥帯は乾いて見える黄色系を使っている。温帯は暖色でも寒色でもない中性色の緑である。（本文85頁を参照）

10 色について

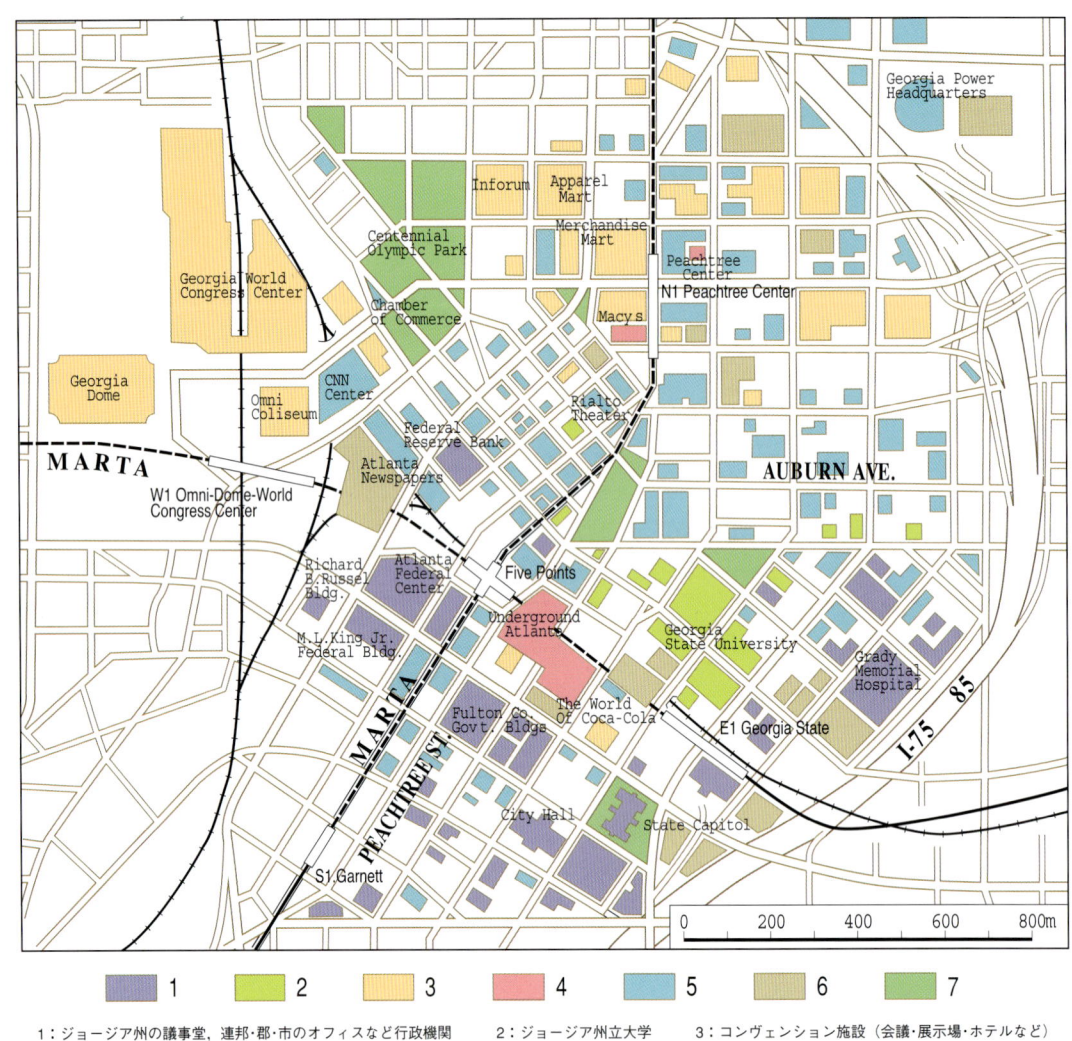

1：ジョージア州の議事堂、連邦・郡・市のオフィスなど行政機関　　2：ジョージア州立大学　　3：コンヴェンション施設（会議・展示場・ホテルなど）
4：小売商業施設　　　5：その他オフィスなど　　　6：駐車場ビル　　　7：公　園

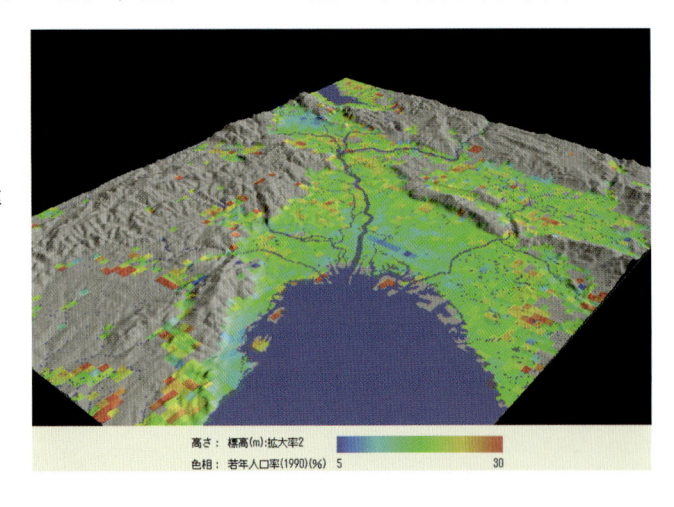

図97　名目尺度の面データ図の彩色例〔アトランタ都心の土地利用〕（藤井正の原図により作図）
面積の大小と色の濃淡を逆比例させて使うと，全体がバランスよく見える。（本文85頁を参照）

**図99　メッシュ図1
〔近畿地方中心部の年少人口比率
（1990年）〕**（小方登作図）

国勢調査の地域メッシュ統計を，数値地図の標高データに貼りつけた，立体メッシュマップともいうべき地図である。人口500人以下のメッシュについては人口比率を彩色していない。この地図は小方登作成のラスター型地理データ表示・分析ソフトウェアmapRaster 2による。（本文95頁を参照）

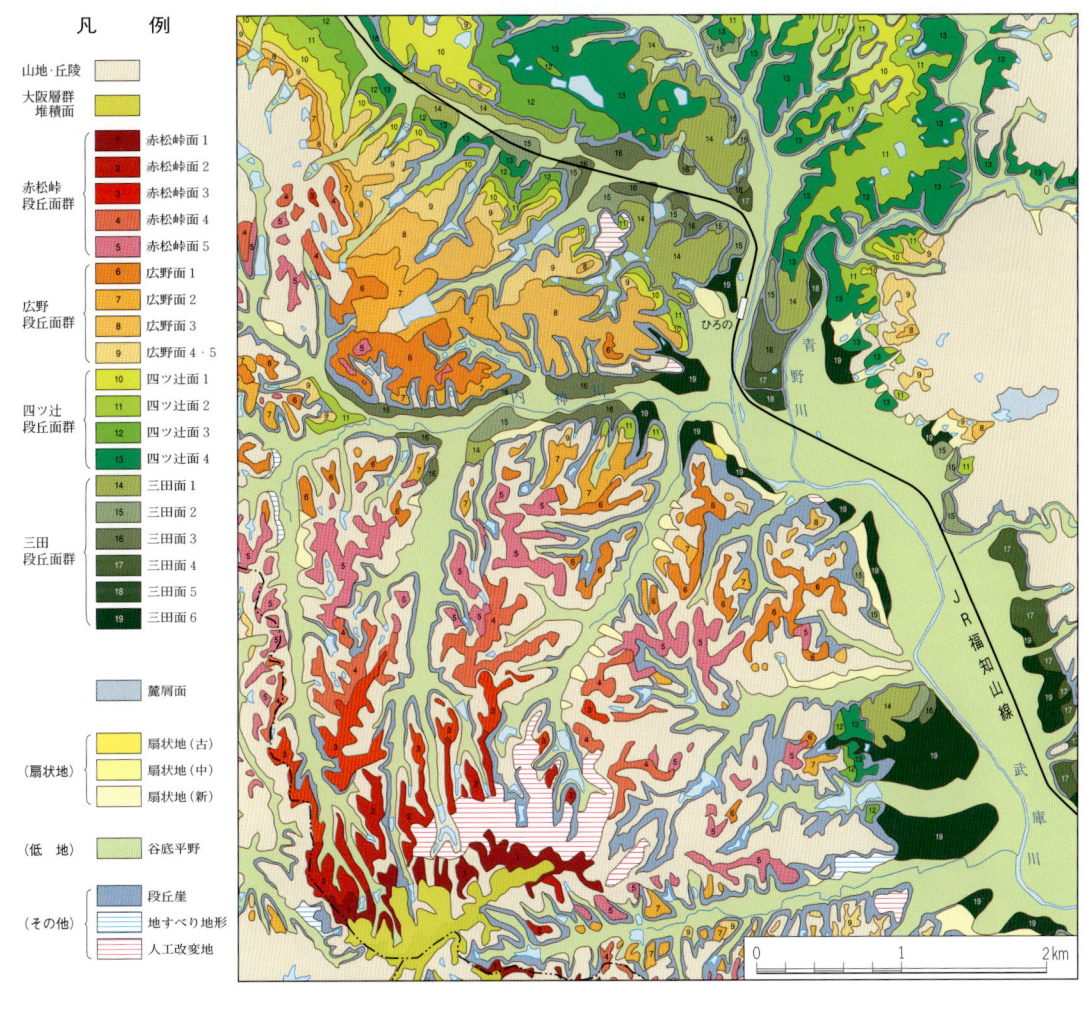

図98 順序尺度の面データ図の彩色例〔三田市南西部の段丘面分布〕
(三田市史第10巻の田中真吾の原図により作図)

19に分類された段丘面は、ほぼ標高順に並んでいることが、色使いによっても直観できなければならない。高い面を赤からはじめ、低い面に後退色である緑を使って表現している。色相のほか明度、彩度を補助的に用いて、高低差をあらわしている。(本文86頁を参照、単色図は51頁)

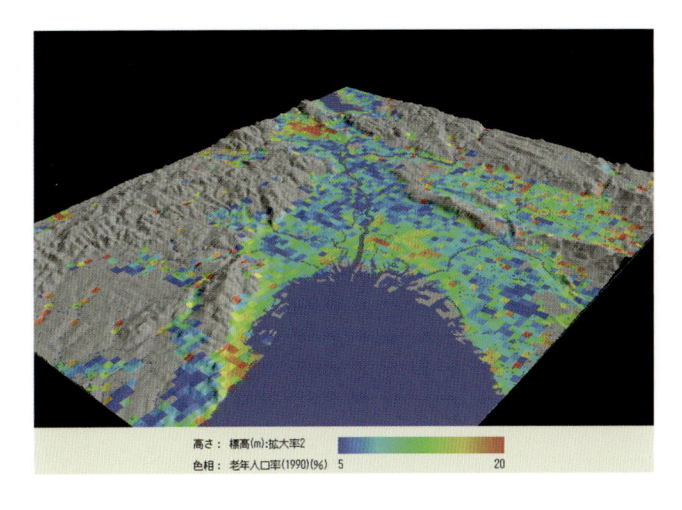

凡例:
- 山地・丘陵
- 大阪層群堆積面
- 赤松峠段丘面群: 1 赤松峠面1, 2 赤松峠面2, 3 赤松峠面3, 4 赤松峠面4, 5 赤松峠面5
- 広野段丘面群: 6 広野面1, 7 広野面2, 8 広野面3, 9 広野面4・5
- 四ツ辻段丘面群: 10 四ツ辻面1, 11 四ツ辻面2, 12 四ツ辻面3, 13 四ツ辻面4
- 三田段丘面群: 14 三田面1, 15 三田面2, 16 三田面3, 17 三田面4, 18 三田面5, 19 三田面6
- 麓屑面
- (扇状地) 扇状地(古), 扇状地(中), 扇状地(新)
- (低地) 谷底平野
- (その他) 段丘崖, 地すべり地形, 人工改変地

図100　メッシュ図2
〔近畿地方中心部の老年人口比率(1990年)〕(小方登作図)

地図作成の方法は図99と同じである。人口データは1990年国勢調査の1kmメッシュ、標高データは国土地理院数値地図250mメッシュ標高を用いたサーフェイスモデルである。水平距離に比し、高さは2倍に強調している。(本文95頁を参照)

10 色について

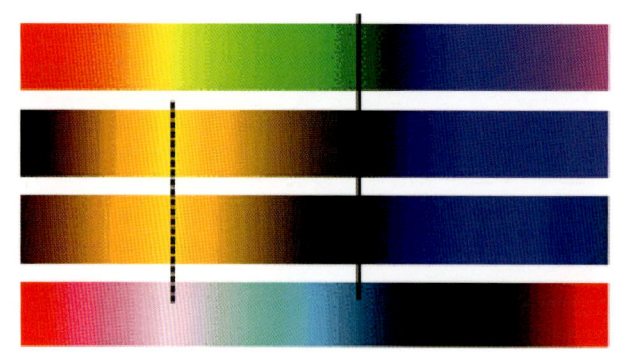

図101　光のスペクトルと色盲のシミュレーション（岡部正隆，伊藤啓による）
（色盲の人にもわかるバリアフリープレゼンテーション法 http://www.nig.ac.jp/color/ より）
色盲の人々の99％以上が，赤と緑の識別に悩んでいる。橙と黄緑についても同様である。
（本文96頁を参照）

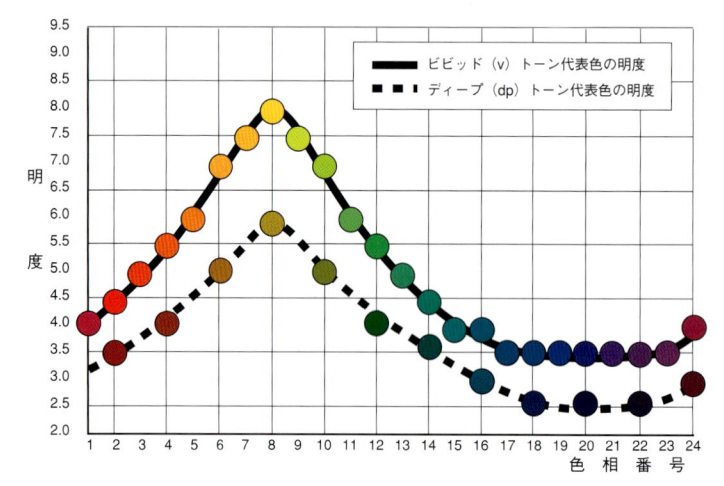

色盲でない人

第1色盲の人
赤を感受する遺伝子に変異を生じた人。
色盲全体の約25％を占める。

第2色盲の人
緑を感受する遺伝子に変異を生じた人。
色盲全体の約75％を占める。

第3色盲の人
青を感受する遺伝子に変異を生じた人。
色盲全体の約0.02％を占める。

図102　24の色相と明度の関係
―資料提供・日本色研事業（株）―
色ごとの明度をはかると，色相は違うのに，明度が同じという色がある。色盲の人は色の感じ方がずれているので，色が互いに寄りあい，重なり合って識別が困難になる。
（本文96頁を参照）

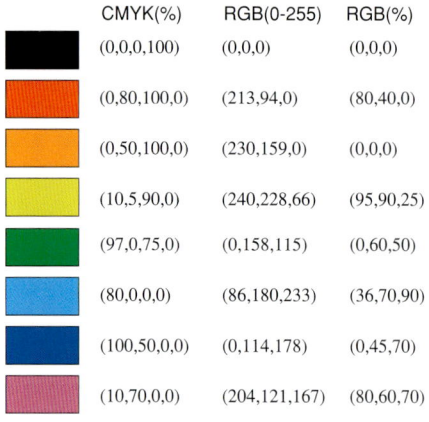

	CMYK(%)	RGB(0-255)	RGB(%)
	(0,0,0,100)	(0,0,0)	(0,0,0)
	(0,80,100,0)	(213,94,0)	(80,40,0)
	(0,50,100,0)	(230,159,0)	(0,0,0)
	(10,5,90,0)	(240,228,66)	(95,90,25)
	(97,0,75,0)	(0,158,115)	(0,60,50)
	(80,0,0,0)	(86,180,233)	(36,70,90)
	(100,50,0,0)	(0,114,178)	(0,45,70)
	(10,70,0,0)	(204,121,167)	(80,60,70)

図103　色盲の人にも色盲でない人
　　　　にも見やすい色のセット
（岡部正隆，伊藤啓による。本文97頁を参照）
（色盲の人にもわかるバリアフリープレゼンテーション法 http://www.nig.ac.jp/color/ より）

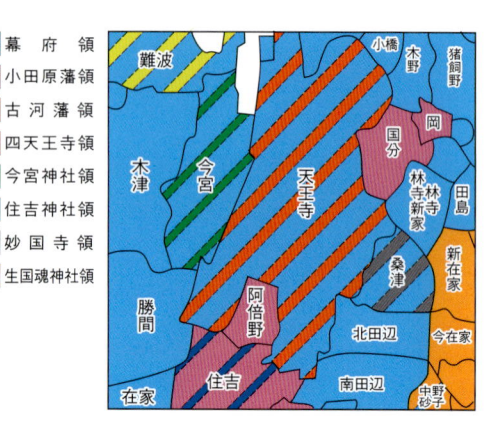

図104　見やすい色のセットを用いた多色刷り地図
　　　　〔天王寺村周辺の所領配置（天保期）〕
図103の色を使って図49を彩色した。
（本文97頁を参照，単色図は52頁）

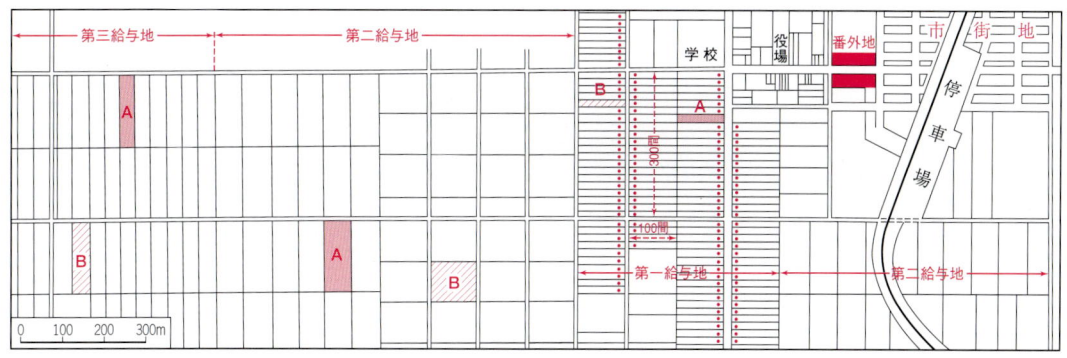

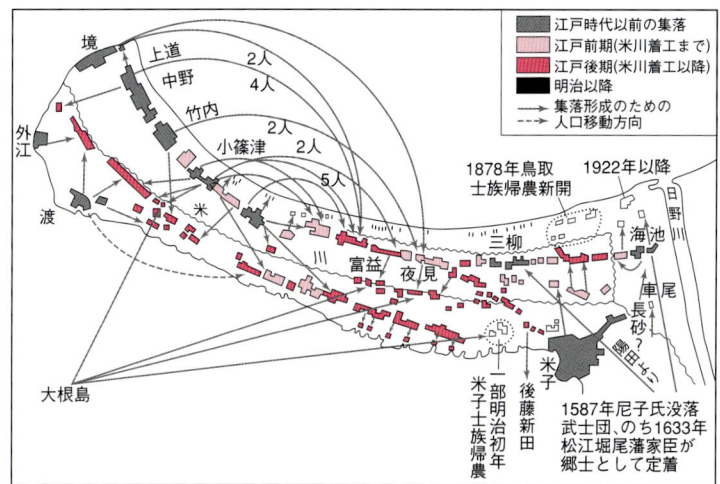

図105　名目尺度の二色刷り地図1
〔南剣淵兵村の一部〕
（浮田典良の原図により作図）
マゼンタを黒に変えてもこの地図は識別できる。色覚障害者にとってはどちらでもわかりやすい。
（本文98頁を参照）

図106　名目尺度の二色刷り地図2
〔鳥取県弓ヶ浜における集落の成立〕
（岩永実の原図により作図）
一つ一つの面が小さいので，2色でないと表現しにくい地図である。煩雑になりやすい矢印の線を，黒のアミ線にして図をすっきりさせた。
（本文98頁を参照）

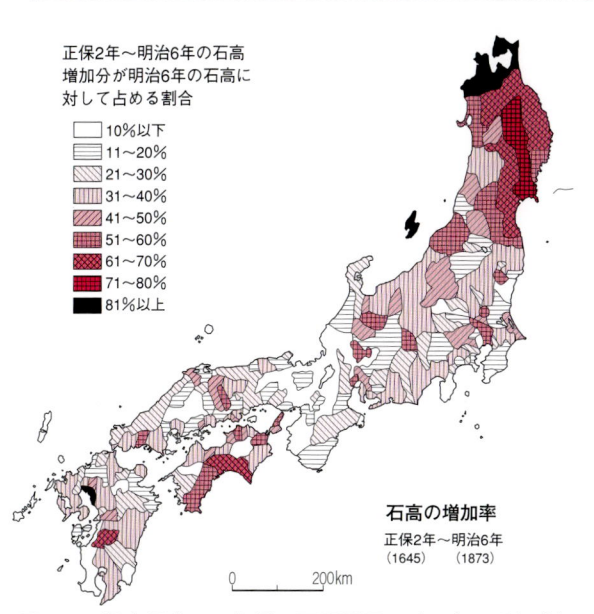

図107　順序尺度の二色刷り面記号図1〔石高の増加率〕
（菊地利夫の原図により作図）
階調模様のパターンそのものに2色を使って順序をあらわすのは意外に難しい。階調模様は黒のまま，背景に色の濃淡をつける方がわかりやすい。
（本文98頁を参照）

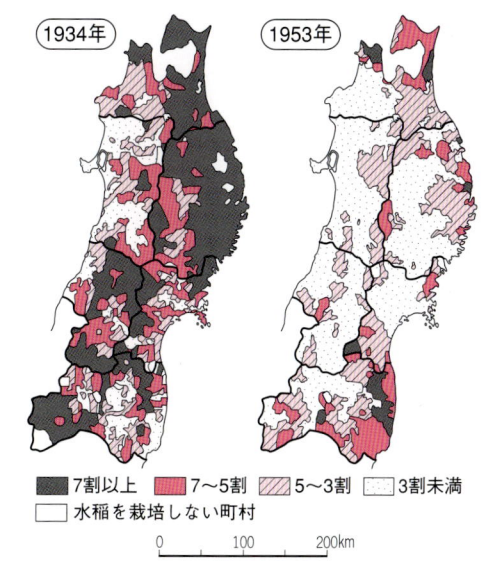

図108　順序尺度の二色刷り面記号図2
〔水稲冷害の被害程度別分布の変化〕
（石井素介の原図により作図）
図107と同じコロプレス図であるが，7割以上の減収をみた町村が強調されて，主題を引き立たせている。（本文98頁を参照）

10　色について　　93

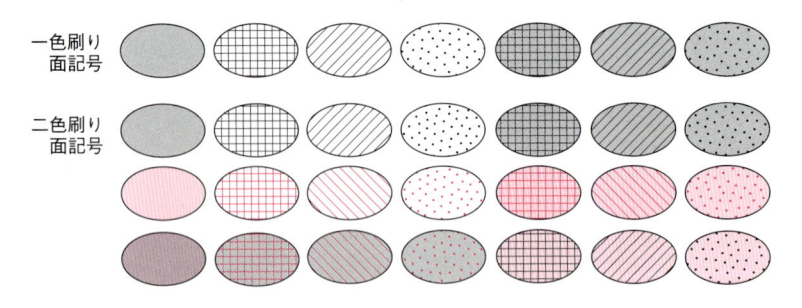

図109 一色刷りと二色刷りの面表現例

一色刷りで7つの面が分類できるとすると，二色刷りになるだけで，面記号は3倍の21以上に分けることができる。(本文97頁を参照)

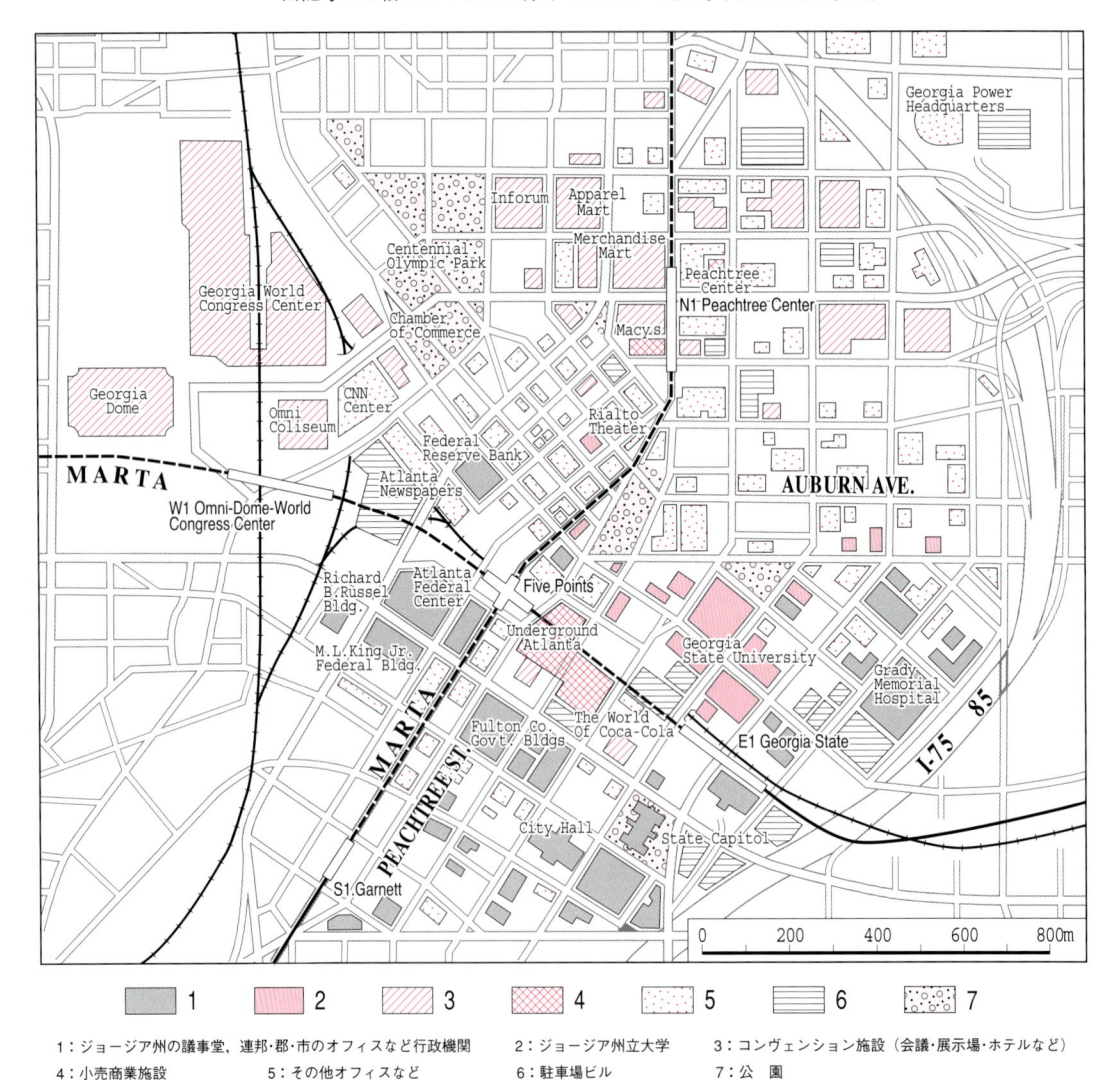

1：ジョージア州の議事堂，連邦・郡・市のオフィスなど行政機関　2：ジョージア州立大学　3：コンヴェンション施設（会議・展示場・ホテルなど）
4：小売商業施設　5：その他オフィスなど　6：駐車場ビル　7：公園

図110　名目尺度の二色刷り面データ図〔アトランタ都心の土地利用〕（藤井正の原図により作図）
（本文98頁を参照）

は湿った感じの青で決め，少ないところは最も乾燥して見える橙色もしくは黄色を用いる。また，日照時間をあらわす地図なら，多い方は赤で異論はないにせよ，日照時間の少ない方は青でとめるか，緑でとめるか考慮の余地があろう。青は日照時間が少ない結果，寒いイメージになる。緑は日照時間が少ない結果，影の多いイメージを提供するからである。

等値線のひとつ，等高線と等高線の間を彩色したものに「高度段彩」がある。陸高と海深を色分けしたもので，海は青から紫までの色相環を細かく使ったり，同じ青の中で明度を低くしていって深さをあらわしたりする。陸高は緑からはじめて，緑－黄緑－黄土－茶－褐色とつないだり，緑－黄緑－黄－橙－赤とつないだりする。いずれも進出色と後退色を利用している例で，ある部分は色相で，ある部分は明度・彩度を加減して，標高の高いところが手前に，低いところが背後に見えるよう，目の錯覚を利用しているのである。色の進出と後退の感じは，明度と彩度でも加減できるので，前記の例のほか，黄色から緑への段彩も可能である（口絵4参照）。

地図帳によっては，特殊な例として，緑－黄緑－黄－橙－赤とつないだあと，紫－無色と用いる例がある。これは山のボカシを併用し，最高部の紫は色を淡くして無色につなぎ，山の稜線を見せようとする方法である。特に山が高くて，氷河などに覆われている場合には，視覚的に有効な方法である。

1）メッシュマップ

メッシュは定性データであれ，定量データであれ，色による表現は可能である。定性的な表現は，名目尺度の面記号図に準ずる。ただし，メッシュの区画は小さいので，彩度の高くて濃い，はっきりした色を使う必要があろう。これは定量的な表現の場合も同様である。

ベルタン J.Bertin はかつて，面白い試みをした。フランスにおける医師（青），農民（黄），人口移動（赤）のデータを人口百分率でメッシュにあらわしてある。これらの色は，メッシュごとに多段階に分けた円の大きさであらわされている。赤と青と黄のデータを重ねて印刷する。ここでそれぞれの色に特徴が出てくる。赤と青が重なると紫になるはずであるが，印刷された地図には，ほとんど紫は見えない。つまり，医師と移動には相関関係がないことを示している。他方，赤と黄の混じった橙はよく見える。特にフランス中南部から北西部にかけてが著しい。農民と移動には，正の相関関係が成り立っていることが，色の変化で一目瞭然なのである。

もっとも，現在ではいちいち印刷するといった，面倒な手間は不要である。「GISデータとして，ベクタ形式としても，あるいはラスタ形式としても利用することができるものにメッシュ・データがある。（中略）メッシュはそれを四つの頂点をもつ多角形（四角形）だと考えればベクタ形式として処理することができるし，メッシュを矩形範域の最小単位の画素として認識するならば，それをラスタ形式として扱うこともできる」（矢野桂司『地理情報システムの世界』ニュートンプレス，1999年）。パソコンのディスプレイで，レイヤーごとに分けられたメッシュデータをオーバーレイし，色の変化を見て，地理的な事象や特徴をさぐるのは，いまやGISでは当たり前のことになっている。

口絵3は平成12年国勢調査地域メッシュ統計によって，人口密度，14歳以下の年少人口比率，65歳以上の老年人口比率をあらわしたメッシュマップである。年少人口の多い地域と老年人口の多い地域のコントラストは一目瞭然である。

図99は近畿地方中心部における年少人口比率，図100は老年人口比率（いずれも平成2年）を表示したものである。太陽のスペクトルの順に並んだ色相を多段階に配置し，順序尺度ではあるものの，比例尺度に近い表現を実現している。

また，単にメッシュ（グリッド）で区切るだけでなく，国土地理院の数値地図（標高データ）を用いて3次元表示し，鳥瞰図風に仕上げているのが特徴である。

m) その他

本書は主題図を対象に取り上げているが，一般図における色の慣用例についても述べておきたい。水系に青を使うことについては，大方の合意はできているように思われる。道路は黒，赤，茶などさまざまであるが，重要度にしたがって強い色，弱い色を選定すればよい。等高線は茶の使われる率が圧倒的に高かったが，これには理由がある。茶色のそもそもの成り立ちを考えると，色料の三原色（シアン・マゼンタ・イエロー）から成り立っているわけで，どの色とも調和しやすい貴重な色といえる。彩度も比較的低いので，あまり目立たない。一般図で等高線や道路網の出てこないものは考えにくい。その分だけ，他のどんな記号とも調和させる必要があるといえる。茶色が選ばれるにはこういった背景がある。

茶色を用いる有力候補を他にあげるとすれば，面記号図の区画線，境界線であろう。これらの線は，線でありながら線記号ではなく，面記号の一部であり(47頁)，あまり目立たなくて，しかもあらゆる面記号の色と調和させる必要がある，という理由からである。

5 色覚障害者への配慮について

ここで色盲，色弱といわれる人々の色彩感覚への配慮について述べる。図101は光のスペクトルが色覚障害の人にはどのように見えるのか，のシミュレーションである。赤と緑，橙と黄緑にかけて，色の識別が困難な領域のあることがわかる。

図102は色相環の代表色を明度別に並べ替えたものである（上がヴィヴィッドトーン，下がディープトーン）。代表色の中では黄色が最も明度が高く，紫色が最も低い。注意すべきは赤と緑，橙と黄緑のゾーンに同じ明度の領域があることで，この結果は先程のシミュレーションとよく合致する。色覚障害の人には「色相」だけに頼らない，「明度」「彩度」を加味した別の原則を立てなければならない。全体の99％以上をしめる赤緑色盲の人が，特に識別困難な色の組み合わせは，「赤と緑」のほか，「赤と茶」，「緑と茶」などである。もちろん個人差も大きい。ただし，一般的に言って，青色の感度はむしろ高く，微妙な明度，彩度の違いを見分けることのできる場合が多い。全体的に見れば，明度，彩度とも，高い方が低い方よりも識別しやすい傾向がある。個々の色についても，明度と彩度の僅かな違いで，見やすくなったり，見にくくなったりするといわれている。

地図表現に関して留意すべき点を箇条書きにすると次のようになろう。

1. 点記号は同一形状で色だけを変えるのでなく，形も変化させる。
2. 線記号も色と同時に線種を変えて表現する。
3. 色分けによって情報を区別させる線はできるだけ太くする。
4. 面記号は色と同時に模様を併用する。
5. 色の境目には黒線や白線を入れて色の境界をはっきりと指し示す。
6. 凡例を独立させて色のみで対照させるのではなく，凡例の文字情報を図中に直接記入する。
7. 地図中の文字はできるだけ明朝体を避けて，ゴシック体にする。
8. 高度段彩は同じ明るさで色相を変えるやり方ではなく，同じ色相で明るさを変えてみる。

このうち最も実行に骨を折るのは，4の色彩と模様の併用であろう。最悪のケースを想定すると，色覚障害者にとっては，模様のみによる

単色の地図より色彩の入った地図の方が読み取りにくく，一方，一般の人にとっては色彩だけでよくわかるものが，さらに模様を入れることで，視覚的にわずらわしさを感じることもありえよう。双方にとって，まだしも見やすい色彩のセットが提唱されているので，図103で紹介してみよう。図49(52頁)にこの色彩をあてて表現すると図104のようになる。

8に関連してつけ加えると，高度段彩に使われた伝統的な色，緑−黄緑−黄土−茶−褐色とつないだり，緑−黄緑−黄−橙−赤とつないだりする方法は，色盲，色弱の人にとって，明度の似通った色が並んでいるわけで，確かにわかりやすいとはいえない。口絵4では伝統的な高度段彩の代わりに，明度，彩度を主に黄系から緑系の色で構成した段彩を試みてみた。この方が色覚障害の人々にも受け入れやすいであろう。ついでに付記すると，かつての学校地図帳では市街地に赤系の色をよく使っていたが，現状では明度の高い黄色を使うことが多い。これは高度段彩の低地の色である，緑との識別を容易にするためであって，多少は改善された例である。

わが国における色盲，色弱の人々は男性で20人に1人，女性で500人に1人といわれる。その割に実態はあまり知られていない。健常者が色覚障害を体感するのは容易なことではないが，シミュレーションソフトがフリーウェアで公開されている。

フリーウェア「Image J」と「Vischeck Image J Plug-in」で，Windows, Macintosh, LinuxといずれのOSにも対応している。ダウンロードは以下のホームページから。

・Image Jのダウンロード
http://rsb.info.nih.gov/ij/
・Vischeck J 1.0（Vischeck Image J Plug-in）のダウンロード
http://www.vischeck.com/downroads/
・インストールの方法と使用法は

http://www.nig.ac.jp/color/install_vischeck.html

（色盲の項目については，主に岡部正隆・伊藤啓『色盲の人にもわかるバリアフリープレゼンテーション法』http:// www. nig.ac.jp/color/ によった）

6　二色で表現する地図

地理学などの研究発表の場である専門誌の印刷は，まだ単色刷りが多いものの，コピー防止の観点などから，近年は二色刷りの書籍も増えている。一色が二色になるだけで，表現力がどの程度豊かになるかを考えてみよう。

例えばここに単色刷りの地図があって，ベタ（墨100％）の線と20％のアミによる面，三つのパターンによる面の表現がなされているとする。線は1種類，面は最大で7種類（アミとパターンを重ねた3種類を加える）である。これに色を一色加えて二色刷りにすると，地図の表現要素はどれだけ増えるであろうか。まず，ベタの線は墨と色の2種類。アミ版を20％だけに限っても，墨と色の2種類だけではなく，墨と色を掛け合わせたもう1種類が可能である。三つのパターンは墨と色の六つになる。さらに墨20％のアミに色のパターンを重ねた3種類，色20％のアミに墨のパターンを重ねた3種類が増える。墨アミに墨パターン，色アミに色パターンのケースも想定すると，面表現は実に21通りが可能になる(図109)。実際には色のアミ表現を20％だけでなく，40％，70％というように使用することによって，表現力は3倍以上になるとみてよい。

二色という場合，最も注意しなければならないのが，前項で取り上げた，色覚障害の人々への配慮である。濃い赤，濃い緑，濃い茶色などは黒っぽく見えることが多いので，二色の効果に乏しい。乏しいどころか，両者は混同されることがあるので，色覚障害者にとっては，単色の地図より二色の地図の方が読みとりにくいと

いう事態が生じるのである。

　印刷物の場合，まず間違いなく一色は黒である。もう一色の選び方は，主題図のテーマによっても異なるであろう。青系の色を使うなら水系の表現は豊かになるが，山地の表現は制限されてしまうだろう。赤系の色には逆のことがいえる。色覚障害者は一般的にいって青系の色が他の色とは識別しやすく，赤系でも明るい朱色やマゼンタはまだ見やすいといわれる。

　主題図はテーマの部分とベースマップの部分から成り立っている。二色刷りを生かす最も簡単な方法は，ベースマップを黒，テーマを色というように分けることである。特に名目尺度の地図で，それが点・線記号の場合は，このことを基本にすえて考えるといい。最も単純な色分けながら，効果が大きい。面記号の場合はやや複雑になる。テーマの項目ごとにそれぞれの重要度を考慮し，二色のさまざまな組み合わせと対応させる必要がある。口絵1の二色刷り土地利用図では色アミと墨アミをそれぞれ2種類ずつ使っているが，それぞれのアミ濃度は重複しないように定めている。また，「模様」も色を変えると同時に線描法と点・記号法を区別して識別がしやすいように選んである。ここではマゼンタが使用されているが，もし，この色を墨に変えて単色の地図に戻したとしても，地図としての読みとりは可能である。図105と図110についても同じことがいえる。色覚障害者にとって親切な二色刷りということができよう。図106は面記号の一つ一つが小さいので，最低限二色での表現が必要なケースであろう。色アミの部分を「模様」に変える手段がありそうだが，点描法を用いるにせよ，線描法を用いるにせよ，面記号が小さすぎて，多分「模様」の区別はつけにくいであろう。

　順序尺度の点・線記号図でランク付けするとき，テーマの部分では，むしろ二色を混ぜ合わせない方がいいかも知れない。二色を組み合わせて順序を表現するのは，意外に難しいことである。やはり，テーマとベースマップで分けることを基本に考えた方がまとめやすいであろう。

　面記号図（コロプレスマップ）のランク付けは，単色の場合も二色の場合も，濃度の順に並べるという〈文法〉は変わらない。二色であるから濃度順に2倍のランク付けができるかといえば，そうはいかない。黒か色のいずれかを「階調模様」として用い，他方の色で少しずつアミのパーセントをあげて，序列を読み取りやすくするのが基本になるだろう。ランクの数はそんなに増えることはないが，読図を助けるうえでは多大の効果が期待できる。口絵2〔堺市の市域拡張〕と図107の方法である。図108は7割以上の冷害地域を強調することで，1933年と1953年の違いを際立たせるねらいが功を奏している。

　比例尺度をあらわす視覚変数は「大きさ（比例的）」がすべてであった。何度も述べたように，色で大きさを代用することはできない。同じ形，同じ面積の赤と青を比較して，赤の方が大きい，などということはないのである。したがって，比例尺度の地図の場合は，定量的なデータに色をつけるのではなく，そのデータの名目（人口や生産高など）に彩色しているわけである。

デジタルマッピング　11

　わが国における近代地図は1880（明治13）年，関東地方の2万分の1迅速測図の測量にはじまる。以来，120年余り。20世紀から21世紀にかけて，地図の制作法は大きく変わった。デジタル化の流れである。

　デジタルマッピング digital mapping という言葉もよく耳にするようになったが，意味する範囲は非常に広い。①測量段階のデジタル化，②データの整備・分析段階のデジタル化，③製図（表示・印刷）段階のデジタル化などがあり，これらを網羅する形で GIS（Geographical Information Systems 地理情報システム）がある。

　さまざまなデータと地図とを結びつけたGISは急速に発展し，行政システムを大きく変え，われわれの社会生活を変革する可能性も大きい。地理情報の分析にも大きな力を発揮する。さまざまな尺度のデータのオーバーレイ，バッファリング，ボロノイ分割などの手法を駆使して，新しい事実を発見し，理論を構築することができる。特に，順序尺度の面記号表現の地図，いわゆるコロプレスマップにおいて，段階区分を自由に設定し，即座に地図化して検分することにかけては追随を許さない。

　ただ，本書ではGISについて，参考文献をとりあげるにとどめる。すでにすぐれた解説書があり，しかも文字通り日進月歩しているシステムなので，よく理解しないで取り上げることは，かえって害になるかも知れないからである。

　本書でとりあげるのは，GISとは別のデジタル製図の一分野である。ただし，GISソフトの中にも，Illustratorで読み込むことのできるフォーマット（.eps）へエクスポートできるものがあり，逆にIllustratorで描いたデータはCAD（Computer-Aided Design）のファイル（.dxf）へ変換することができる。その意味ではつながりがまったく絶たれているわけではない。

　また，手描きによる製図がなくなるわけでないことも強調しておきたい。現状では，地図の製図は確かにデジタル化の流れにのっていて，丸ペン・烏口やスクライバーなどによる製図はもはやあり得ないが，パイプペンとトレーシングペーパーによる製図は，その簡便性から将来も続くであろうと思われる。地図を手描きすることは，製図の基本を守ってはじめて可能になる。パイプペンの使い方と，マウスの使い方は異なるが，線の仕上がり具合，文字の大きさや配置など，実際に描きながら検討できるのは，手描き地図に勝るものはない。自らの手と指で線を描くのに比べると，マウスで描くのは遠隔操作の感覚で，熟練するまでは決して描きやすいものではない。二つか三つのモデルを作っておけば，日本地図などをいつでも呼び出して加工できること，描き直しが簡単なことなど，デジタル製図の長所は多いが，基本的な描画は手描きと同じで，決して地図制作を簡便にするわけではない。できれば手描き地図を何度も試みたのち，デジタルマッピングに挑戦するのが，一見，まわり道に見えて，手順としては正しい

かも知れない。

　以下，主題図をパソコンで描くことを手はじめに，ベースマップをとりこむこと，プリントと印刷の違いなどについて述べたい。

1　ハードとソフト

　デジタル製図のために必要な環境は，まず，パソコンとプリンター。できればスキャナーも整えたい。近年のパソコンはCPUも高性能化し，ハードディスクも大容量になった。ただ，地図は画像データとして扱われるので，メモリは多ければ多いほど快適に動く。256MBでは物足りないこともあるので，最低でも512MB，できれば1GB以上積みたい。OSはWindowsでもMacintoshでもかまわない。プリンターは通常のインクジェットプリンターで十分である。

　地図製図は工業デザイン，建築図面，土木設計，機械設計，医療（臓器表示），映画，ゲームなどと並ぶCG（コンピューター・グラフィックス　Computer Graphics）の分野の一つである。CGをつくるためのグラフィックソフトは大別して2種類に分けられる。ペイント系ソフトとドロー系ソフトである（図111）。

　ペイント系は，扱うデータをピクセル（画素）で管理する。写真など微妙に色の移り変わるデータを表現するのが得意で，このデータはラスタデータ，ビットマップデータなどと呼ばれる。ただし，拡大するとジャギーと呼ばれるギザギザが発生しやすい（代表的なソフトはPhotoshop，MS Paintなど）。

　ドロー系ソフトの特徴は，扱うデータを点・線・面にわけ，それぞれを一つのオブジェクトとして扱うことである。オブジェクトは始点・長さ・方向など位置情報や数値で管理される。データを別々の部品として扱うことができ，レイヤーの機能もフルに発揮できる。この種のデータはベクトルデータと呼ばれ，拡大してもきれいな線を保つのが身上である（代表的なソフトはIllustrator，Freehand，Corel Drawなど）。

　地図を描くのに適しているのはドロー系ソフトである。ただ，ペイント系ソフトも無視するわけにはいかない。主題図を描く際に度々必要となるベースマップは，スキャナーで取り込む必要がある。必要な範囲を切り取ったり，二つ以上の地図を接合したり，適当なフォーマットで適切な解像度に仕立て上げる必要も出てくる。また，下図として手描きのラフや他の地図を使いたい場合も出てこよう。その際に役立つのはペイント系ソフトで，やはり両方揃えるのが常道である。

　ここではIllustrator CS2（Windows版）による製図をとりあげる。ただし，インストールからツール操作，画面操作，編集機能など，個々の方法について，初歩程度はマスターできているものとして解説する。詳しく知りたいときは，解説書やヘルプを参照すること。

　Illustratorをモデルにしたのは，世界中で広く使われているという理由のほかに，印刷業界では，こうした図形や文字のフォーマットがPost Scriptで標準装備されていて，さまざまな制約があるにせよ，データから印刷まで一貫したDTP（デスクトップパブリッシング）システムの中で利用できるからである。

　Illustratorは自ら創造するのに適したソフトである。はじめから記号や模様が用意された手

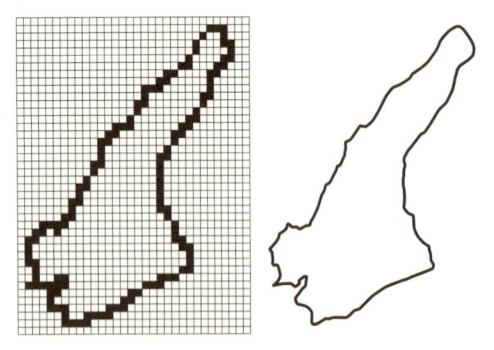

　　ペイント系のラスタデータ　　ドロー系のベクトルデータ
図111　二つのグラフィックソフトによる淡路島の表現

軽なソフトではない。しかし，仕上がりの美しさに関しては追随を許さない。さまざまなテーマをもち，表現も豊富な主題図は，自らすべてを作り上げていくことで初めて，充実した地図表現を得ることができよう。

国土地理院の発行しているベクトルデータは，GIS もしくは専用のソフトを使わなければ，データを開く，補正するといった作業はできなかったが，近年では Illustrator で 2,500 分の 1 や 25,000 分の 1 数値地図のベクトルデータを開き，色や線幅などを自由に設定できるソフトも登場している（Plug-X 数値地図 Reader シリーズ）。

なお，類似のドローソフトとしては，前述のように Freehand，Corel Draw がある。Illustrator を含めたこれらのソフトには，一部の制約を除いて互いに互換性があり，製図ツールもよく似ている。Illustrator 以外のアプリケーションソフトをもっている読者にも参考になるはずである。

ソフトのもついろいろな機能のうち，以下に述べるのは，地図の製図に沿った，基本的な手順についてである。操作の手順は主にプルダウンメニューで解説する。説明が煩雑になるため，ショートカットキーは本文に記していない場合が多い。参照できるように，最後の項でまとめておく。

2 Illustrator CS2 による主題図製図の手順

■描図にとりかかる前に

a）製図の器具・道具箱……ツールボックス

起動された新規画面を整理して見てみよう（図112）。左にツールボックス，右にレイヤーパレットがある。パレットは全部合わせると，かなりの数にのぼる。画面はできるだけシンプルにしておく方が製図しやすい。常駐させておいた方が便利なパレットは，他にカラーパレット，線種パレット，文字設定パレットくらいであろう。これらのパレットはいくつかをまとめて格納できる。

ツールボックス（図113）は描画と編集の器

図112　地図作成用に整理した Illustrator CS2 の新規画面
常駐させるパレットは 3，4 個まで。この画面では分りやすいように，カラー・線種・文字設定の 3 つのパレットを切り離しているが，実際にはこれらをひとつのウィンドウにまとめて使う。

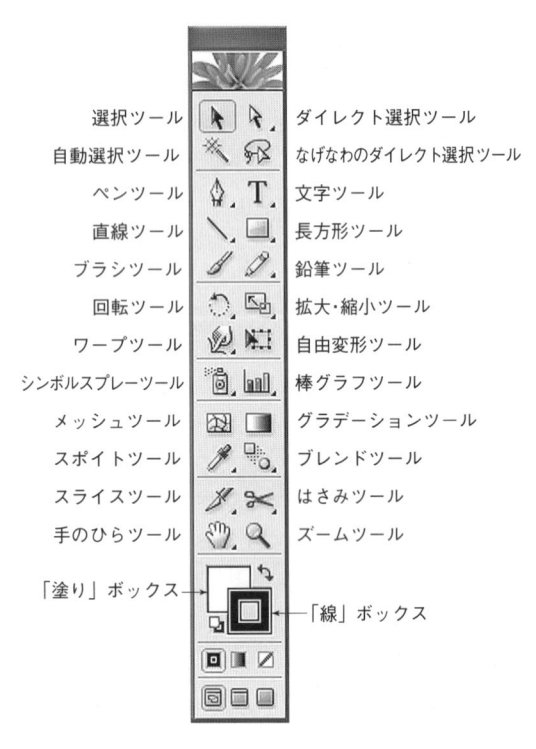

図113 ツールボックスの名称

図に見えているツールのほかに，隠された同系の追加ツールがある。

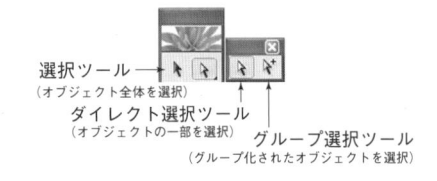

図114 選択ツールとダイレクト選択ツール

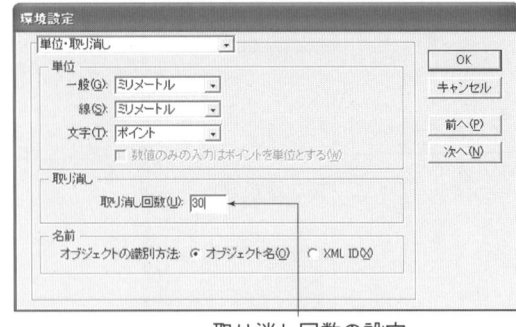

図115 取り消しの回数（Illustrator 10 のダイアログボックス）

デフォルトでは取り消し回数は5回であるが，もっと回数を増やしたほうがいい。時折のことではあるが，20〜30回も元へ戻りたいことが生じる。

具・用具箱と考えればよい。中にはペンがあり，鉛筆があり，グラデーションのためのツールがある。拡大鏡で細部を覗くこともできれば，ハサミやナイフでオブジェクトを切ることもできる。地図の中にグラフを入れたいときは，簡単なグラフ作成メニューを使う。ツールボックスに表示されているもののほかに追加ツールがあり，全体では相当な数にのぼるが，地図の製図だけに限れば，すべてを覚える必要はない。

最も基本的なツールは選択ツールとダイレクト選択ツール（図114）である。選択ツールは図形やパス（連続したひとまとまりの線や塗り）の全体を選択する。グループ化されている図形などは，グループ全体を選択する。ダイレクト選択ツールはオブジェクトを部分的に選択することができる。一旦描いた図形を修正する場合などに用いることが多い。

手描きと比べたとき，デジタル製図のメリットはいろいろあげられるが，最大の違いは簡単に取り消しの効くことであろう。プルダウンメニューの【編集】→【取り消し】でも実行できるが，キーボードでCtrl+Z（MacではCommand+Z）を同時に押すのがてっとり早い。しかも，取り消しの回数はIllustrator CS以降，いちいち【環境設定】で指定しなくても，使用可能なメモリ容量分だけ自由に遡れるようになった。Illustrator 10ならば，【編集】→【環境設定】→【単位・取り消し】で自ら指定する（図115）。20回でも，30回でも元に戻れるのである。

b）何層もの透明スクリーン……レイヤーパレット

レイヤーパレット（図116）はどんな場合にも大事な機能を果たすが，地図の製図にとっては，特に大切である。レイヤーを喩えると，透明なスクリーンであろう。地図の場合，そのスクリーンが鉄道，道路，水系，等高線，注記文字などにわかれて何層にもなっており，それらが重ね合わされて1枚の地図になっている（図117）。

画面ではレイヤーの上のものほど優先され

る。町の真中を川が流れ，道路が縦横に配置され，鉄道上を電車が走り，さらに高速道路を自動車が走っている……どこにでもある風景である。これを地図化するとき，道路は川の上に描き，高速道路は鉄道の上に描く……同一平面上で普通に描けば交差してしまう高速道路と鉄道も，レイヤーを使えば簡単に描き分けることができる。また，レイヤーを分けておけば，線の太さを変えたり，色を変えたりするとき，レイヤーごとに一括して実行することができて便利である。レイヤーは一括して表示したり，非表示にしたり，書き込み可にしたり，書き込み不可にしたり，ほかにもさまざまな機能をもっている。

c) 下図(したず)を取り込む

地図の製図をはじめるには，まず，下図を取り込まなければならない。【ファイル】→【配置】で，下図の保存されているフォルダから対象となるファイルを選択する。**図118**のようなダイアログボックスが表示されるので，【リンク】のチェックをはずして開くと，埋め込み画像として取り込まれる。リンク画像はファイルとしては軽いが，画像は粗くなるので製図の下図としては向いていない。取り込むことができるフォーマットは .BMP，.TIF，.JPG をはじめ，多くの形式に対応できる。

下図として利用するのは，さまざまな縮尺の地形図であったり，自ら描いたラフな(JR線が旗竿記号になっていないなど)下書き，参考文献などに掲載されている地図(この場合は出典を明らかにすること)があげられるが，ここでスキャナーが必要になる。下図として利用するなら，解像度は200〜300dpi程度で十分。画像ファイルとして軽いことも条件の一つとなる。

d) 下図(したず)を淡く表示する

下図を取り込んでいるレイヤーのオプションを選択し(**図119**)，ダイアログボックスを開い

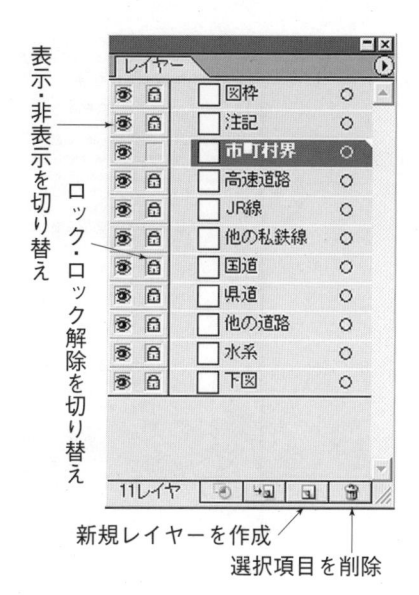

図116 レイヤーパレット

レイヤーの上下関係をうまく使うのは，地図製図にとって生命線である。非表示にしたり，ロックしたりして製図の手順を合理化することができる。

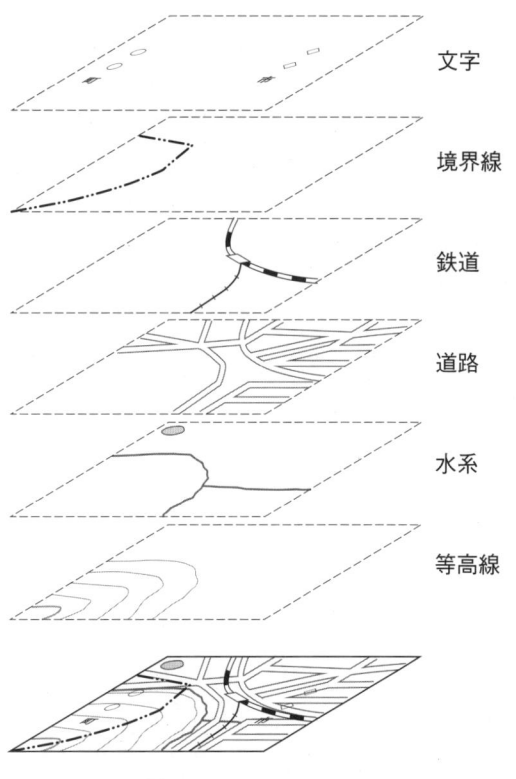

図117 レイヤーの概念

レイヤーは何層にも重ねられる透明なフィルムであると考えればよい。レイヤーが上下で重なった時は，下の方が隠される。

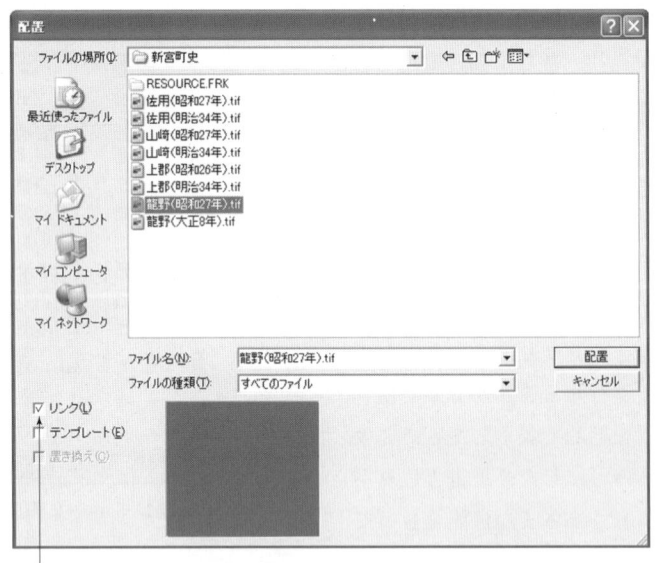

リンクのチェックをはずすと埋め込みファイルになる

図118　配置のダイアログボックス

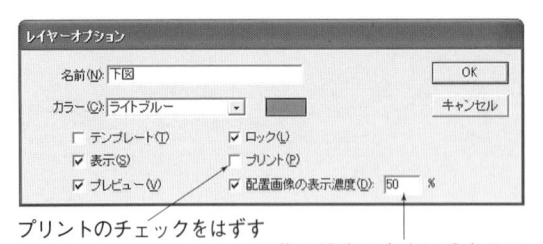

プリントのチェックをはずす
画像の濃度を自由に設定する

図119　下図レイヤーのオプション
下図ならばプリントは不要。また表示濃度を淡く設定して、描画の線と区別をつけやすくすることができる。

て，名前を「下図」とする（他の名称でも可）。念のため，「プリント」のチェックをはずし，「配置画像の表示濃度」を％の数字で設定する（50％程度が妥当）。画像がうすくなって，上から描く線との区別がつけやすくなる。「下図」のレイヤーは，一番下にもってくるのが原則。ペンツールなどを使って描図に入るときは，レイヤーパレットの右上の三角をクリックし，新規レイヤーを呼び出して名称をつける（図枠，道路，境界など）。

e）ベースマップの埋め込み
　主題図にはベースマップがつきものである。

ベースマップの取り込みは，c）**下図（したず）を取り込む**で述べた方法をとる。ベースマップとなる地形図などをスキャナーで読み込む。フォーマットは.BMPか.TIFが一般的である。解像度として350dpi程度はほしい。

　前に述べた通り，ベースマップは画像として，リンクファイルにするか埋め込みファイルにするかを選択しなければならない。ベースマップを土台に製図作業をする際には，埋め込みファイルでなければならない。製図を終えて印刷のためにMOやCD-Rに保存して運ぶ場合は，リンクファイルに差し替えるとよい。容量がかなり小さくなる。

　印刷された主題図で，グレーのベースマップの上に，テーマがカラフルに描かれている……こんな風にディスプレイへ表示したいなら，【ウィンドウ】→【透明パレット】（**図120**）を呼び出す。そこで「不透明度」を50％に設定すると，半透明のガラスを通して見るように，下のレイヤーの画像が浮き出してくる。また，描画モードを「通常」から「乗算」に変えると，ベースマップとテーマの部分がまったく重なって表示さ

不透明度を0〜100%のあいだで調整し，下のレイヤーと重ねてみることができる。

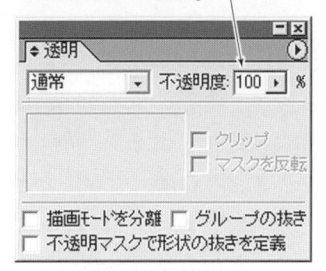

図120 透明パレット

れる。透明パレットはそんな効果をあげるためのツールである。単に画面の中だけではない，プリンターでも同じように出力されるので便利である。

図121 バウンディングボックスを隠す
バウンディングボックスは地図の製図をする際に，差しさわりが多い。デフォルトではバウンディングボックスが表示されるので，「隠す」を選択して非表示にする。

■製図にとりかかる

f) ペンツールで「ベジエ曲線」を描く

　いよいよ描画に入る。ただし，その前にバウンディングボックスを非表示にしておくことが，地図の製図には不可欠である。バウンディングボックスとは図形のオブジェクトを選択した際に，オブジェクトの周囲にあらわれる四角形の補助線（面）のことである。このバウンディングボックスをドラッグすることで，図形の拡大や縮小を含む変形を簡単に行なうことができる。一般の描画にとっては便利な機能であるが，ドラッグひとつで簡単に縮尺が変わってしまうわけで，地図製図には禁物の手段である。【画面】→【バウンディングボックスを隠す】を選択する（図121）。描画で最もよく使うのは，【ツールボックス】→【ペンツール】（図122）である。ペンツールは直線，曲線を問わず，どんなに複雑な線でも描ける。マウスでポイントを

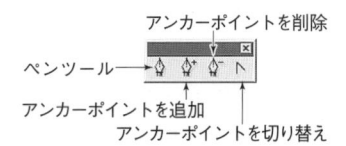

図122 ペンツール
「ペン」だからといって，マウスを引きずり回すわけではない。アンカーポイントを次々につないでいく。

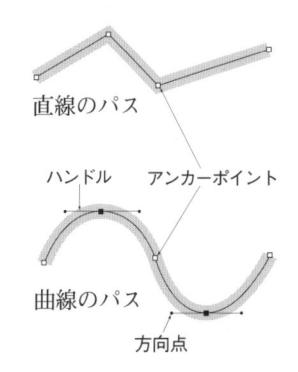

図123 ベジエ曲線
ペンツールでマウスをプレス＋ドラッグすると，アンカーポイントからハンドルが出て，方向点を調整し，曲線の方向や曲率を決める。単にマウスをクリックして次々に線をつないでいけば，連続した直線が引ける。

11　デジタルマッピング

次々にクリックしていけば，直線が連続して引ける。ポイントにマウスをプレスしてドラッグし，次のポイントをクリック（またはプレス＋ドラッグ）すれば，なめらかな曲線が引ける。プレス＋ドラッグすると，ハンドル状の補助線が出てくる（図123）。

これは実際に引かれる線ではなく，線の曲がる方向と引っ張る強さを示している。Illustratorで使われる曲線はベジエ曲線といわれ，ペンを下ろしたところはアンカーポイント，そのアンカーポイントから出ているハンドルで曲線の形を決める。直線はハンドルのないものをつないだ形である。地図の中の線記号は大半が不定形をしているので，ベジエ曲線が自在に引けるように練習する。丸を描く，波形を描く，などから始めるとよい。慣れてくれば，複雑な線の任意の場所にアンカーポイントを下ろして，次々に曲線をつないでいけるようになる。ただ，非常に細かい屈曲のある海岸線の描画は，むしろ短い直線を次々につなぐ方がいい場合もある。

マウスで曲線を描くのはそう簡単ではない。いったん図形を描いたものの，線が下図からはずれている場合は，ダイレクト選択ツールを使う。ダイレクト選択ツールをアンカーポイントにあてると，ポイントの四角が白抜きから塗りつぶしに変わる。そこでマウスをプレスしドラッグすれば，好みの位置に引っ張って形を変えることができる。

g）複雑な曲線に鉛筆ツール

地図の描画には，時折，【ツールボックス】→【鉛筆ツール】（図124）を使うこともある。ペンツールと違って，鉛筆で描くような使い方ができる。マウスをドラッグしたまま任意の曲線を描くのである。等高線などのように，やや複雑な曲線を描くのに適している。アンカーポイントやハンドルは，オプション設定に従って，ソフトが勝手に決めてくれる。「精度」でピクセルの単位を小さくとれば，マウスなどで描いた線に対する忠実度が増す。「スムース度」のパーセント値は大きい方が滑らかな線になる。値の設定は試行錯誤を重ねなければなかなか分からない。それでも，線の正確さではペンツールに比べ，かなり落ちる。等高線の描画で，縮尺を小さくして，多少の省略が許される場合などに限られるだろう。

また，鉛筆ツールを使ってマウスで描くのは，遠隔操作の感覚でなかなか難しく，タブレットを用いるようなアドバイスもみかけるが，地図の等高線に限ってはかえって不便なことがある。タブレットから一旦，ペンを放したとき，連続してペンを下ろしたつもりでも線がうまくつながらないことがほとんどで，修正にかえって手間どる。これを避けようとして一気に等高線を引き回すと，よほど熟練しない限り，下図の線から外れがちになる。

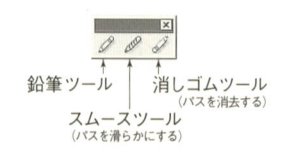

h）線の太さや種類を決める……線種パレット

次に描いた線の太さや種類を設定する。【ウィンドウ】→【線種パレット】（図125）を開くと，

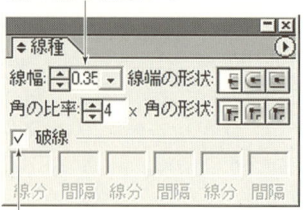

図124　鉛筆ツール
鉛筆やパイプペンを使う感覚で描く。スケッチなどと違い，地図の製図には，かなりの熟練を要する。

図125　線種パレット
線の太さ，線端やカーブの形態を決める。破線の□にチェックマークを入れ，線分と空きの設定をすれば，さまざまな線種を作ることができる。

線端角 ━━━━━━━━━ (12,3)

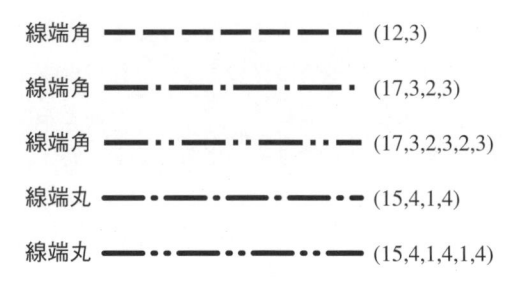

線端角 ━・━・━・━・━ (17,3,2,3)

線端角 ━・・━・・━・・━ (17,3,2,3,2,3)

線端丸 ●━●━●━●━● (15,4,1,4)

線端丸 ●●━●●━●●━ (15,4,1,4,1,4)

図126 さまざまな線記号
（ ）内の数字は線分・間隔のポイント数。線の太さは2ポイントである。

「線描」の横に1ptなどの表示がある。ここが線の太さを設定するウィンドウで，自由に数値を入れることができる。入力欄右のポップアップメニューから数値を選択してもよい（【編集】→【環境設定】によってポイントだけでなく，ミリメートルでの設定も可能である）。「破線」ボタンにチェックマークをいれて，数値を入力すると，破線，1点鎖線，2点鎖線，点線などの設定ができる。3種類の線端形状と合わせて設定する。行政界を描くときなどに有効。参考例をあげておく（図126）。

i) 線や面に彩色する……カラーパレット

線の種類などが決定したら，色を設定する。【ウィンドウ】→【カラーパレット】(図127)を開くと，左上の正方形が「塗り」，右下の方枠が「線」の色指定になっている。クリックした方が前面に出て，色などの設定を受け付ける。色の選択はCMYKやRGBのスライダーを動かし

単位の選択

線幅や線種の設定，文字サイズの解説に，この章の本文ではポイントを使っているが，**口絵5**では単位がミリメートルになっている。この切り替えは【編集】→【環境設定】→【単位・取り消し】のダイアログで行なう（図115を参照）。単位の対象は，一般・線・文字の三つにわかれ，一般と線に対しては，①ポイント ②パイカ ③インチ ④ミリメートル ⑤センチメートル ⑥ピクセルのいずれかを選ぶことができ，文字に対しては，①ポイント ②インチ ③ミリメートル ④ピクセル ⑤級 の内から選ぶ。⑤の単位にあげられた「級」とは写真植字の際の単位で1級＝0.25mmである。

【編集】→【環境設定】ではこのほか，【ガイド・グリッド】でガイドライン・グリッドラインの色を選択し，実線・点線のいずれで表示するかを決めることができる。

てもよし，％の数値を入れてもよし，カラーパレットの最下段にある色相スペクトルを，スポイトでクリックしてもよい。色相スペクトルの左端の赤斜線は色指定「なし」をあらわし，右端の下は「黒」，右端の上は「白」を示している。

線の色を指定したいなら，まず「塗り」の指定を「なし」の赤斜線にしてから，線を好みの色に指定する。もし，描いた線が川ならば青の

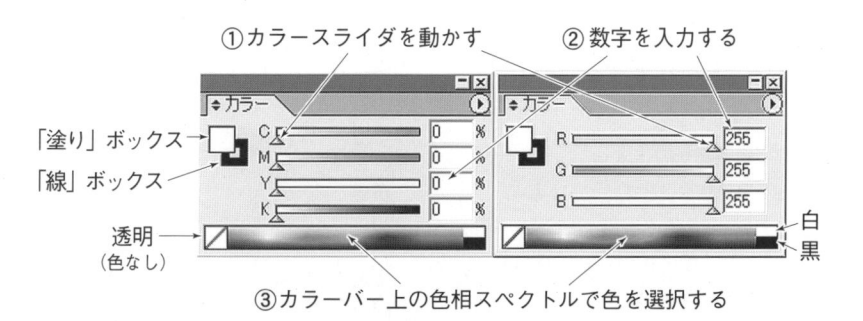

①カラースライダを動かす　②数字を入力する

「塗り」ボックス→
「線」ボックス→
透明（色なし）
白
黒

③カラーバー上の色相スペクトルで色を選択する

図127 カラーパレット
左がCMYK，右がRGBシステムによる色の設定画面。①②③のいずれを使ってもよい。

11 デジタルマッピング

線に，鉄道ならば黒か赤，道路ならば茶など，行政界は黒などになろう。

j）道路や鉄道を描く

道路を描くとき，線を平行に2本引くわけではない。例えば，黒の幅2ポイントの線を描く。これを【編集】→【コピー】し，【編集】→【前面にペースト】を選ぶ。そこで前面にペーストされた線の色を「白」に設定，さらに線の太さを1ポイントに設定すれば，下（背面）から黒の線が0.5ポイントずつ現われる仕掛けである。

JRの線を描くには，同じように，黒の幅2ポイントの線を【編集】→【コピー】し，【編集】→【前面にペースト】を選んで，前面にペーストされた線の色を「白」に設定，さらに線の太さを1ポイントに設定するところまでは同じ。ここで線の設定時に破線ボタンをチェックし，数値を線分・間隔それぞれ6ポイント・6ポイントと入力すれば，旗竿記号が現われる。

枕木をシンボル化した私鉄線の記号は，まず，0.5ポイントの線を描き，それをコピー・ペーストして，ペーストした方を太さ2ポイント，破線ボタンをチェックして数値を0.3ポイント・5ポイントと設定すれば，おなじみの線記号ができる（図128）。（ポイントの数字はいずれも一つの例。）

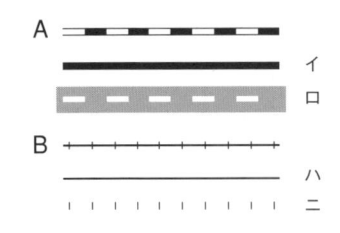

図128 鉄道記号の作成
Aの旗竿記号はイとロ，Bの枕木記号はハとニを重ね合わせたものである。

k）面の作成……ライブペイント

線の中には閉じた線と開いた線とがある。閉じた線は，内側が面として認識されているので，カラーパレットで面の色を指定することができる。それでは都道府県界のように，任意に線を交差させて描いた図形は，そのままで面として認識させることができるのであろうか。答えは否である。

内部を線で分けた図形を面に変換するには，分割したいオブジェクトすべてを選び【オブジェクト】→【ライブペイント】→【作成】を選択する。これで面はそれぞれに分割される。

ついでツールパレットから【ライブペイントツール】を選択し，【スウォッチ】または【カラーパレット】のスペクトルから色を選ぶ。分割された所定の面をクリックすると，選んだ色が入るので，すべての面に同じ操作を繰り返す。それぞれの面を独立して扱うには，【オブジェクト】→【ライブペイント】→【拡張】を選択する（図129）。

面を作成するには【パスファインダパレット】を使う方法もある。この際に気をつけなければならないのは，分割する線を図形の外にはみ出

【ライブペイント】使用

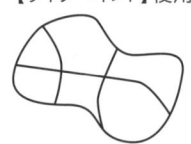

元の図形を6つに分割する3本の線を引く。

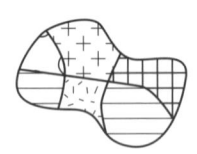

【オブジェクト】→【ライブペイント】→【作成】を選択すると，6つの面に分かれる。まだ，模様はグループ化されているので，個々の面を独立して扱うことはできない。

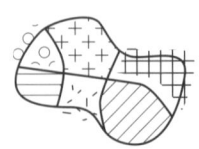

【オブジェクト】→【ライブペイント】→【拡張】を選択すると，個々の面は切り離され，それぞれに拡大・縮小，回転など細かい指定をすることができる。

【パスファインダ】使用

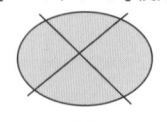

楕円と交差するように線を描く。

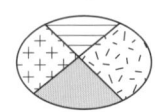

パスファインダパレットの「分割」をクリックすると，4つの面にわかれる。（はみ出した線は消える）

図129 面の分割

図130 パスファインダパレット
複数のオブジェクトの合成や分割，切抜きなどをおこなう。地図の製図では，「分割」フィルターを使う比率が圧倒的に高い。

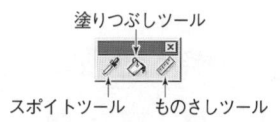

図131 スポイトツールと塗りつぶしツール
文字を含んだあらゆるオブジェクトの属性を，クリックひとつでコピー＆ペーストしてくれる便利なツール。

して描くことである。図形と分割線をすべて選択し，【パスファインダパレット】を呼び出す。さまざまな機能があるが，下段の左端にある「分割」をクリックすれば，分割された面がすべて独立した面として認識され，色や模様の設定が可能になる。なお，図形からはみ出していた線は消えてしまう。

【パスファインダパレット】の中には「追加」「前面オブジェクトで型抜き」「交差」「重なりを除外」「分割」「刈り込み」「合流」「切り抜き」「アウトライン」「背面オブジェクトで型抜き」などのフィルター機能がある（図130）。しかし，地図の面記号を設定するために使う機能は，ほとんどが「分割」フィルターである。

l）便利なスポイトツールと塗りつぶしツール（図131）

ある色を選んだ場合，CMYKシステムやRGBシステムでみると，小数点以下の端数が出て，他の箇所で同じ色を設定しようとしてもできない場合がある。カラーパレット最下段の色相スペクトルから任意の色を選択した場合に生じやすい。この問題を解決するには，スウォッチパレットを開き，選択した色をドラッグ＆ドロップして登録する方法がある。

別の手段もあって，それが【ツールボックス】→【スポイトツール】の活用である。オブジェクトを選択しておき，コピーしたい色をスポイトツールでクリックするだけで，同じ色がペーストされる。面記号だけでなく，線記号の設定をコピーすることも可能である。コピー＆ペーストされるのは，図形のオブジェクトだけではない。文字もフォント，サイズなどすべての属性がコピーされる。いちいち，属性を設定する手間が省けて便利である。

スポイトツールとよく似た機能をもつのが，【塗りつぶしツール】である。【スポイトツール】がコピー先をクリックしてから，コピー元をクリックするのに対し，【塗りつぶしツール】は逆にコピー元をクリックしてから，コピー先をクリックする。

両者はよく似ているので，オプション（スポイトツールのダブルクリックで呼び出す）のダイアログで，それぞれどのような要素をコピー＆ペーストするかを決められるようになっている。例えば，スポイトツールは線種と塗り，文字の属性すべてをコピー，塗りつぶしツールは塗りと文字のフォント・サイズのみ，という風に設定すれば，状況に応じた使い分けが可能になる。使い分けを簡単にするため，どちらか一方を選んでいるとき，Altキー（Macintoshでは Optionキー）を押すと，もう一方のツールに切り替えることができる。

m）注記を入れる……文字ツール

地図中に注記を入れるには，【ツールボックス】→【文字ツール】（図132）を選択する。ヨコ文字・タテ文字，線に文字を沿わせる，面の中に文字を詰め込む，などの機能が備わっているので，目的に合ったものを選んで入力。入力の仕

11 デジタルマッピング

図132 文字ツール
横書き，縦書きのほか，図形の範囲内に文字を収めたり，図形に沿わせて文字を配列したりできる。

方はワープロと変わらない。
　フォントとサイズはプルダウンメニューから別々に設定することもできるが，【ウィンドウ】→【文字】→【文字設定パレット】(図133)が，一挙にさまざまな設定を決めることができて便利である。地図にはいろんな体裁の文字を使う。フォント・サイズだけでなく，行送り・字間（カーニング/トラッキング）・長体・平体・縦中横などの設定が，パレットの中ですべて可能だ。別の種類の注記を併置する場合，いちいち，文字設定を変えるのが面倒だと思えば，1)のスポイトツールを使うとよい。
　地図中に使われる独特の文字といえば，水系の注記に用いられる「斜体」文字であろう。文字を正体のまま選択し，【ツールボックス】→【シアーツール】(図134)を開く。角度を 10～15 度くらいに定め，方向は「水平」にとる。これで右斜体が完成する。
　凡例などで文字を揃えたい場合は，【ウィンドウ】→【整列パレット】(図135)を開く。左揃え，中央揃え，右揃え，上揃え，下揃え，間隔を等分に配置，などが使える。

【シアーツール】や【整列パレット】は文字だけでなく，あらゆるオブジェクトに適用できる。

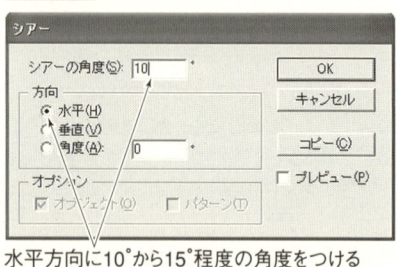

図134 拡大・縮小ツール，シアーツールとダイアログボックス
シアーツールは拡大・縮小ツールの追加ツールである。地図で拡大・縮小ツールを使うときは縦横比を変更しないこと。縮尺の関係があるので，アイコンをダブルクリックし，あらわれるダイアログボックスで数値を入力する方がよい。シアーツールは水系文字の右斜体を作るときに用いる。10～15 度くらいの設定をすれば右斜体になる。

図135 整列パレット
凡例などで文字を揃える場合などに用いると便利である。

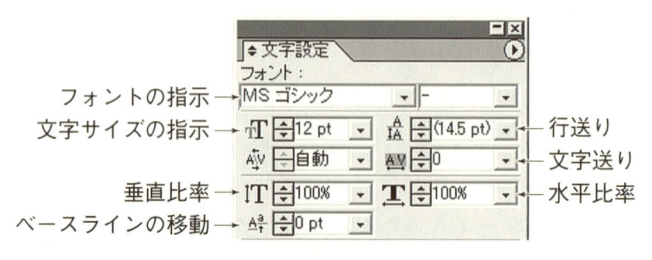

図133 文字設定パレット
フォント，サイズのほか，変形文字，字隔の調整などがこのパレットで設定できる。

n) 点記号を作成する

　ドローソフトは初めから地図製図に特化されている訳ではないので，よく使う点記号類はあらかじめ作成しておくとよい。国土地理院発行の地図図式は，図式規定に基づいて，線の太さや長さ・間隔などが詳細に定められており，事実上，これがモデルとなる。国土地理院発行の地図から，凡例の部分を下図として取り込み，自らトレースして記号を作成する。Illustratorでは，下図を24倍まで拡大できるので，ペンツールを使って正確にトレースすることは，そう難しいことではない。

　気をつけることといえば，【オブジェクト】→【グループ化】を使うことである。例えば市役所のマークの場合，二つの同心円からなりたっている。円を二つ描いて，整列させただけでは，円はバラバラのままである。市役所の記号として機能させるには，二つの円が一つのグループにまとまっていなければならない。【オブジェクト】→【グループ化】はそのためにある。

　絵記号と連想記号に比べると，幾何記号の作り方は簡単である。【ツールパレット】→【長方形ツール】で長方形（Shiftキーを押しながらドラッグすると正方形），【ツールパレット】→【楕円形ツール】で楕円（Shiftキーを押しながらドラッグすると円）が描ける。それぞれのツールをダブルクリックすれば，数値を記入して図形を描くこともできる。多角形，星型などのツールもあり（図136），幾何記号は自由につくることが可能である。

o) 面記号（模様）を作って，スウォッチパレットに登録する

　名目尺度の面記号図やコロプレスマップに必要なパターンも自らつくる。連続模様の作り方は，正方形ないし長方形のタイルに模様を描き，それをしきつめていくのと同じ考えである。つまり，タイルを一つ作ればいいのである。パターンには列記法と乱記法がある（45頁参照）が，列記法のパターンなら簡単に作れることがわかるだろう。これらの作り方は必ず解説書に載っているので参照すること。図38をはじめ，本書で用いられている模様はすべて森図房の手づくりである。

　地図の中にパターンを入れるには，まず，パターンをつくったファイルを呼び出し，すべてを選択して【編集】→【コピー】を選ぶ。パターンを入れたい地図のファイル上にペーストし，【ウィンドウ】→【スウォッチパレット】（図137）を開いて，パターンをパレットにドラッグする。【スウォッチパレット】には，色だけでなく，グラデーションや，パターンのパレットがあり，自分で作った連続模様を登録することもできるのである。あとはオブジェクトのポリゴン（面）の「塗り」を選択して，パレットに登録されたパターンをクリックすればよい。

　【ウィンドウ】→【スウォッチパレット】には好みの色を登録することもできる。パレットを開いてオブジェクトを選び，好みの色をクリックするか，好みの色をオブジェクトまでドラッ

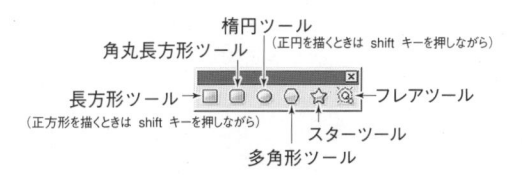

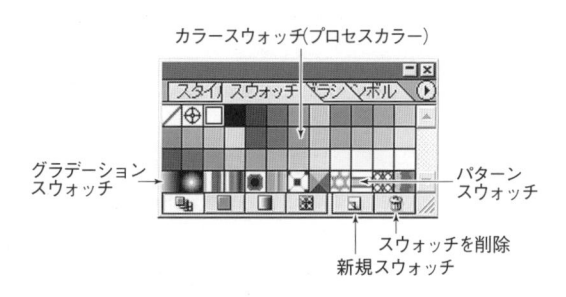

図136　長方形ツールなど
さまざまな点記号を作成するときによく用いる。

図137　スウォッチパレット
色をここからドラッグして決めることができるほか，自ら作成した「模様」を登録することもできる。

グ&ドロップする。

本書の読者のために，Illustrator用の「模様」を提供する。著者のひとりが代表を務める森図房のホームページからダウンロードできる。アドレスはhttp://www.k2.dion.ne.jp/~ map-mori。ダウンロードしたら，スポイトツールで好みの「模様」をコピーすることができる。

他にも，USGS(U.S. Geological Survey: 合衆国地質調査所)のホームページから，Illustrator用のパターンを公開している。アドレスはhttp://greenwood.cr.usgs.gov/pub/bctr-pattern-lib/ (仁平尊明「描画ソフトを用いた土地利用図の作成と分析」『GIS-理論と応用』9巻2号，2001年)。

p) グラフを作成する

地図の中にグラフを入れたいことがある。表計算ソフトにはグラフ作成機能があり，そこで作ったグラフを貼り付けてもいいが，【ツールパレット】→【グラフツール】を使っても同じこ

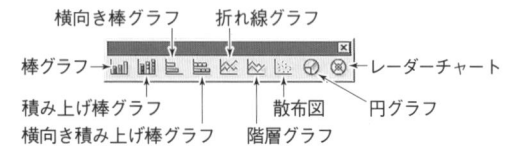

図138　グラフツール

表計算ソフトと同じように，行見出し，列見出しを入力し，数値を入れて「適用」ボタンをクリックすれば，グラフができあがる。グラフの種類はあとからでも変更がきく。

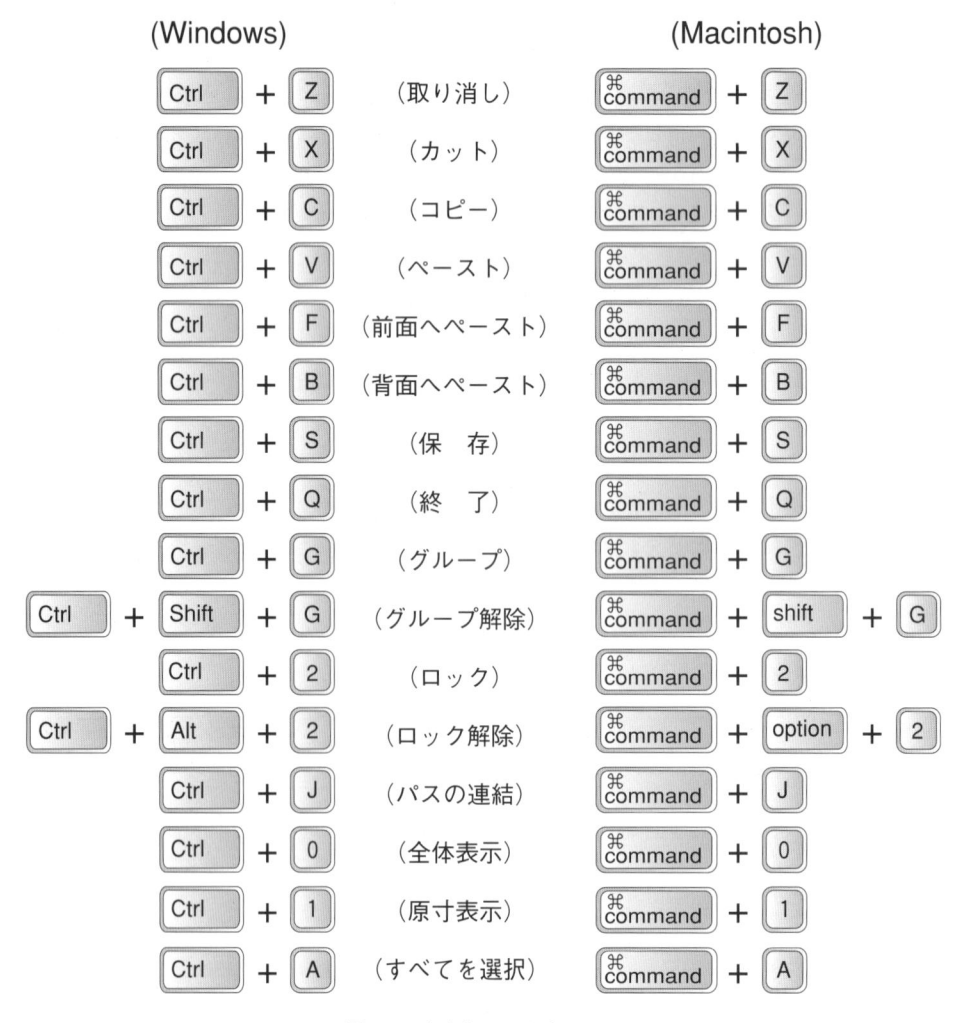

(Windows)		(Macintosh)
Ctrl + Z	(取り消し)	command + Z
Ctrl + X	(カット)	command + X
Ctrl + C	(コピー)	command + C
Ctrl + V	(ペースト)	command + V
Ctrl + F	(前面へペースト)	command + F
Ctrl + B	(背面へペースト)	command + B
Ctrl + S	(保存)	command + S
Ctrl + Q	(終了)	command + Q
Ctrl + G	(グループ)	command + G
Ctrl + Shift + G	(グループ解除)	command + shift + G
Ctrl + 2	(ロック)	command + 2
Ctrl + Alt + 2	(ロック解除)	command + option + 2
Ctrl + J	(パスの連結)	command + J
Ctrl + 0	(全体表示)	command + 0
Ctrl + 1	(原寸表示)	command + 1
Ctrl + A	(すべてを選択)	command + A

図139　主なショートカット

とができる。グラフツールを選択し，ドラッグしてグラフの領域を決めると，自動的に行と列に分かれたセルがあらわれる。名前や数値を打ち込み，入力が終わったところで「適用」ボタンをクリック。表計算ソフトとほとんど同じ感覚で，グラフを作成することができる。

グラフの種類は，①棒グラフ，②積み上げ棒グラフ，③横向き棒グラフ，④横向き積み上げ棒グラフ，⑤折れ線グラフ，⑥階層グラフ，⑦散布図，⑧円グラフ，⑨レーダーチャート(図138)。グラフはのちになってからも種類の変更がきき，地図の中に組み込むための拡大縮小は自由，縦横の比率も自由に変えられる。

できあがったグラフは最初，グループ化されている。そのままでは，線の設定などの変更ができないので，【オブジェクト】→【グループ解除】を選択する。「デザインの変更ができなくなる」など，警告のダイアログが出るが，無視してかまわない。グラフを部品として分ける方が，細かい設定を可能にする。

q) ショートカットキー

製図をする際，いちいちプルダウンメニューから指示するのは面倒なことも多い。その時に役立つのがショートカットキーである。キーボードのキーを同時に二つか三つ押すだけでいいので，製図の時間が短縮される。それ以上に無視できないのが，製図のテンポをこわさないことである。製図の間合いが必要以上にあかないで，一定の調子を保つことは出来上がった地図の質にも影響する。図139に示したのが，よく使うショートカットキーである。

3　プリントと印刷の違い

Illustratorで製図したデータはたいてい手持ちのプリンターでプリントすることができる。しかし，同じデータのまま印刷に持ち込んでも，たいていはトラブルが起きると想定しなければならない。間違いのない製版・印刷出力のためには，さまざまな条件が必要である。

まず，保存するときのフォーマットであるが，必ず.epsファイルでなければならない(Illustratorでは他に.aiのフォーマットがある)。また，ベースマップはphotoshop epsのフォーマットでなければならないし(一部は.tifでも受け付ける)，グレーで刷るには，Photoshopなどで特色(CMYK以外の色)指定をしたり，レベル補正(黒のアミ版指定のようなもの)をしたりしなければならない。解像度は最低で350dpiはほしい。

カラー印刷の場合は，色の設定をCMYKシステムにし，色分解の際のトンボ(見当合わせ)のために【フィルター】→【カラー】→【トリムマーク】を設定する必要がある。

厄介なのが文字のフォントである。

印刷業界では長年，MacintoshのプラットフォームでPost Scriptフォントを用いてきた。現状ではMicrosoft社とAdobe社が共同開発したOpen Typeフォントが，WindowsとMacintoshの垣根をはずしたが，印刷工場の方で100％対応できているわけではない。フォントと一口にいっても，通常の書体の意味のほかに，文字を造る原理を指している場合があり，その種類はATMフォント(Post Scriptの一種)，True Typeフォント，Open Typeフォントに分かれ，ATMフォントの中ではOCNフォントからCIDフォント，New CIDフォントへと少しずつ手直しされてきた。問題になるのは，一つのオブジェクト(例えば地図)の中で，これらのフォントが2種類以上混在すると，文字化け，印刷不能などのトラブルが出ることである。また，Windowsで設定した文字は，出力センターのもつフォントに自動的に入れ替わり，字送りがくるって文字が重なったり，枠からはみだしたりする現象もおきる。

印刷用にデータを送る場合，原図作成者と印刷所は，フォントを互いに照合しなくてはなら

ない。相当綿密な打ち合わせをしても，フォントの問題は錯綜しすぎているため，トラブルがおきやすい。印刷所によっては，トラブルを未然に防ぐため，データは多少重くなるものの，すべての文字をアウトライン化するよう求めるところもある。アウトライン化とは，文字を一つのパスとして，言葉を換えれば文字を画像に変換する作業をさす。Windowsで製図した場合は，注記や凡例の文字をすべて選択し，【文字】→【アウトライン化】をほどこすのが無難であろう。

　印刷所にデータを渡す前に留意しなければならないことを箇条書きにすると，
　①下図を削除しているか。
　②ロックしたままになっているオブジェクトがないか。
　③ベースマップはEPSファイルになっているか。特色指定もしくはレベル補正ができているか。
　④ベースマップはリンクファイルか埋め込みファイルか。
　⑤照合するフォントの確認と照合しないフォントのアウトライン化がすんでいるか。
　⑥多色刷りの場合，トリムマークの設定をしているか。寸法に誤りはないか。
　⑦孤立点(無駄なアンカーポイント)が削除できているか。
　⑧オーバープリントブラック(三原色の上に黒色が重なっている)が設定されているか。
　⑨CMYKの色同士を重ねて印刷したい時，レイヤーの属性ごとにオーバープリントの指示ができているか。

　さらに，印刷に供するデータをCD-RやMOで渡すとき，現場へ伝えなければならないことがある。これも箇条書きにすると，
　①使用したOSとそのバージョン
　②使用したアプリケーションソフトの名前とバージョン
　③データのフォルダ・ファイルの一覧
　④使用したフォントの一覧
　⑤リンクファイルの一覧
　⑥その他(カラー情報・特色の有無・オーバープリントの有無)

などである。もちろん，データ全体のタイトル名，日付，データのサイズ(容量)を忘れてはならない。

地図原図制作法の変遷　12

　デジタル化が進んで，地図原図の概念も変わった。以前なら，地図の描かれた紙やフィルムが存在し，製版用の元図として利用されたが，デジタルマップにはそのような"もの"はない。データとしてコンピューターの中に"保存"され，CDなどの媒体に"記録"されて持ち運びされる。インターネットを通じてデータを送ることもできる。デジタル化という製図の流れの中で，従来通り残るのは，その簡便性から，パイプペンとトレーシングペーパーによる手描き地図だけになるだろう。

　紙やフィルムに描かれた地図の原図は，少しずつ失われていくだろう。1950年ごろまで，地図制作や製版印刷の関係者が，あれほど大切にしていた銅板がその後，すっかり失われてしまった事実をみても，容易に予想できることである。デジタル化以前の地図原図について簡単に素描しておくことも必要であろう。繰り返しになるが，ここでいう地図の原図とは，丸ペン・烏口やスクライバーなどの器具を使い，紙もしくはフィルムに直接描かれた図をさす。地図の製版・印刷は，この原図を忠実に転写し，あるいは写真撮影して行なわれていた。

1　銅板彫刻時代の地図原図

　1880（明治13）年，2万分の1迅速測図の測量にはじまった近代地図の製図は丸ペン・烏口によるもの（インク法inkingといわれる）で，それまでの絵図類とはまったく違う図式を生み出した。最大の違いは，三角定規による直線，造船定規や雲形定規などによる様々な曲線がスムーズに描けるようになったこと，双曲線烏口や複線引烏口によって，二重線が引けるようになったこと，などであろう。測量地図にふさわしい地図表現が実現したわけである。原図をまず銅板に転写し，転写した線を針で彫りこみ，そこにインクを詰めて印刷したので，この時代は銅板彫刻の時代といわれる。この場合の地図原図は，和紙に描かれた完成予想図のようなものであった。できあがりのイメージ通りの色を使い，原寸大で描かれたものである。地図制作は技術的に銅板彫刻師とよばれた職人の腕による部分が多かった。銅板の地図はたいへん美しい仕上がりであったが，銅板彫刻による製版法は煩雑であった。概要を示せば

1. 仕上がりを想定した色つきの原図の上に，ゼラチンペーパーをかぶせ，針でトレースし，その溝に赤や茶などの顔料をすりこむ。
2. 銅板を研磨し，酸による腐蝕を防ぐため，うすく蝋を塗る。蝋の被膜をつくるわけである。
3. 蝋の上に1で色素（顔料）をすりこんだゼラチンペーパーをかぶせ，ローラーに通して，色の線を蝋に転写する。
4. 少し熱を加えて，色素を蝋に溶け込ませる。これで銅板の下書きが完成。下書きは左右が逆になった，いわゆる逆ネガの状態である。

5. 銅板彫刻師が針・刀などで，蝋の上から直接銅板に彫りこんでいく。
6. 彫刻が完成したところで，水洗いして蝋を流す。
7. 銅板に彫られた溝にインクを詰め，高圧でプレスして印刷。

以上が，銅板印刷における基本的な工程である。しかし，大正期に入ると，彫刻だけでなく，酸を用いて銅を腐食させる方法が併用された。つまり，上記の5に続いて

6. 彫刻が終わると，塩酸・硫酸などを加えて，銅を腐蝕し，線の部分のみ深くしていく。線以外の部分は蝋の被膜があるので，そのまま残る。
7. 彫刻と腐蝕は一度きりのものではない。まず，太い線から彫刻・腐蝕し，次に細い線を彫刻して，再び腐蝕する。この際，太い線はより深く腐蝕される。この手順を何度か繰り返して完成。
8. 銅板彫刻が完成したところで，水洗いして蝋を流す。
9. 銅板に彫られた溝にインクを詰め，高圧でプレスして印刷。

という工程をへる。上記7と9の銅版印刷工程を示したのが図140である（印刷用材としての銅は，彫刻の段階では「銅板」，印刷の段階では「銅版」と表記されることが多い）。

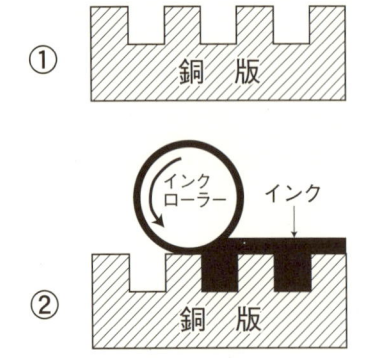

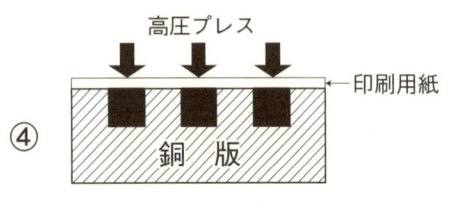

明治期後半から石灰岩を版材に使う石版印刷が盛んになった。これは上記の8からさらに次のような工程をへなければならない。図141では石版印刷の工程を示している。

9. 銅板に彫りこんだ線や文字に黒い油脂（インク）をすりこむ。
10. 上からチャイナペーパー（繊維の長い，特別の和紙。伸縮しても元に戻りやすいので狂いが出にくい）をのせ，ローラーを通して，黒い油脂を転写する。
11. 印刷用の石版（石灰岩）に，10のチャイナペーパーをのせ，ローラーを通して，油脂の黒線を石版に残す。（図141の①）
12. 石版にアラビアゴム溶液を一面に塗布する。インクの黒線部分のみが溶液をはじき，他の部分はゴム溶液が浸みこむ。（図141の②）
13. アラビアゴム溶液が石灰岩と反応して親水性となる。
14. うすく水をひき，ローラーでならす。線の部分以外（アラビアゴム溶液の浸みこんだ部分）に水がつく。（図141の③）
15. 印刷用インクを塗布し，ローラーでならす。線の部分にのみインクがつく。（図141の④）
16. 紙をあて，高圧でプレスして三たびローラーをまわす。印刷完成。（図141の⑤）

石版印刷は通常，油性のチョークなどを用いて，直接，石に線などを描いたが，大まかなものに限られ，地図に関しては上記のように，銅板からの転写という迂遠な方法をとらざるを得なかった。石版は，その後，亜鉛版に変わって

図140 銅版印刷の工程
（㈱写真化学のホームページにより作図）

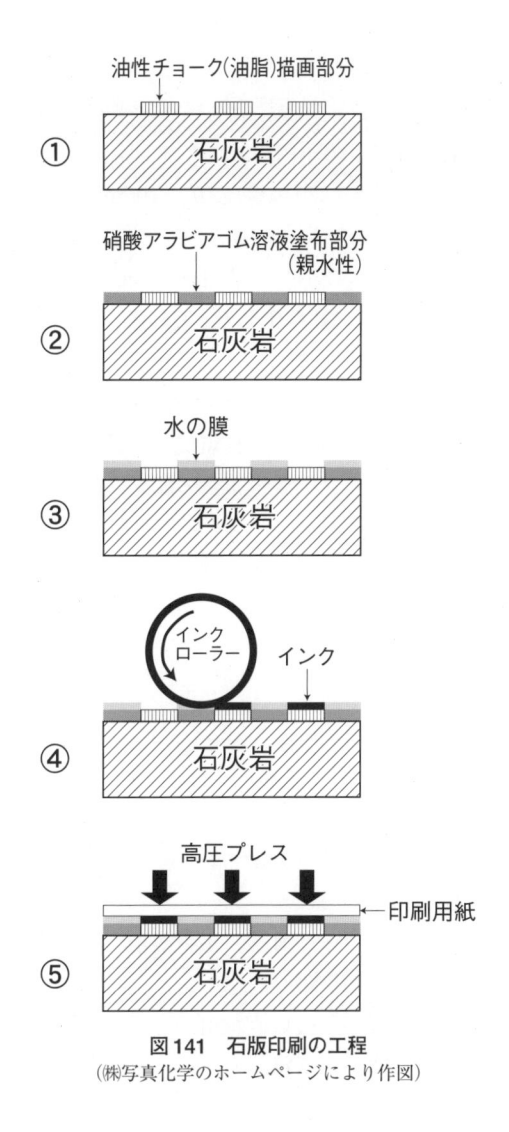

①
油性チョーク(油脂)描画部分
石灰岩

②
硝酸アラビアゴム溶液塗布部分
(親水性)
石灰岩

③
水の膜
石灰岩

④
インクローラー　インク
石灰岩

⑤
高圧プレス　印刷用紙
石灰岩

図141　石版印刷の工程
(㈱写真化学のホームページにより作図)

いく(これをジンク版印刷という)が,作業工程は同じ。ただし,ジンク版印刷では⑬のあと亜鉛版そのものをロール状にまいて印刷することができた。

2　写真製版時代の地図原図

銅板彫刻による製版と印刷の工程は煩雑にすぎたので,明治末期から代わりの方法として写真製版が登場した。地図の原図を写真撮影し,そのネガを亜鉛やアルミの印刷用版材にあてて,線を焼きこむ方法である。はじめは銅板に比べると,美しさの面で見劣りしたが,原図を大きく描いて写真を縮小撮影することにより,銅板に近い線を出すことができるようになり,カメラや版材の進歩もあいまって,写真製版が時代の主流になる。

ここで地図の製図は(銅板彫刻師の手を経ないで)直接,製版と結びつくことになった。地図の原図はそのまま撮影され,版材に焼き付けられるのである。銅板彫刻に使われた色つきの地図原図は,いわば下図となり,その後製版用の原図が墨一色で描きおこされるようになった。多色刷りの地図の場合は,色ごとに原図を作成する。銅板彫刻師の作業がなくなって,その分が地図の原図制作者にそっくり移ってきたのであった。原図の線の良し悪しは印刷された地図の良し悪しに直結する。特に手書き文字の技量が決定的に重要であった。

留意してほしいのは,文字を書くときに,下敷きとなるモデルを写すわけではないという事実である。どのような大きさであれ,どのような書体であれ,白い紙の上にいきなり書いていく。用具は丸定規と呼ばれるガラス棒(両端に厚さ1mmくらいのゴムチューブがまいてあって,紙の表面から少し浮くようになっている)と丸ペン。書き方の順序が決まっていて,①ヨコの線,②タテの線,③斜めやカーブの線,④明朝体の三角の山など整飾,の順に運ぶ。文字を覚えていて書けるだけではなく,すべての文字の形を記憶し,ヨコ線・タテ線の長さや間隔を間違えずに覚えていなくてはならない。この

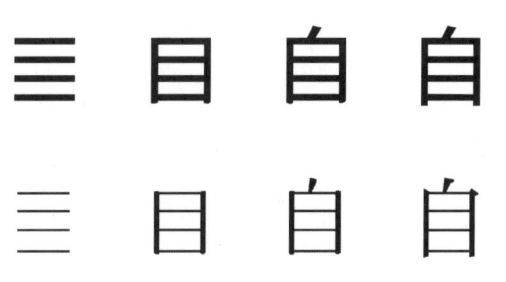

①ヨコをひく　②タテをひく　③斜め・カーブをひく　④仕上げ(整飾)をひく

図142　手書き文字の手法

技法の習得にはかなりの期間を要し，最速で10年かかったといわれる。途中で挫折した者も多い。ただし，製版法は変わったが，地図表現の上で大きな変化はなかった。むしろ，銅板時代を忠実に再現しようとする流れが大勢であった。

ここで，丸ペン・烏口を使い，紙に原図を描いていたインク法の時代の，器具・用具・用材についてまとめてみる。

(1) 製図の器具
a) ペン
　イ．丸ペン……J. Gillot no. 659, Zebra, Nikko, Tachikawa など。
　ロ．平ペン……丸ペンよりも柔らかな線。J. Gillot リトグラフペン。
　ハ．ラウンドペン……太字用・デザイン用。
　ニ．パイプペン……Rotring, Castel, Steadler など。

b) 烏口
　イ．単線用(直線引)……長い直線用。曲線の場合も定規を使用。
　ロ．複線用(複線引)……平行直線用。平行曲線の場合も定規を使用。
　ハ．太線用……1mm 以上の太い直線用。定規を使用。
　ニ．特殊線用……点線・破線・鎖線用。定規を使用。
　ホ．単曲線用……コンターなど曲線用。定規を使わずフリーハンドで使用。イギリス型とドイツ型あり。
　ヘ．双曲線用……道路など平行曲線用。フリーハンドで使用。イギリス型とドイツ型あり。
　(注) イギリス型は軸と烏口の部分が分離している。ドイツ型では烏口と軸の芯はひとつながりになっている。

c) コンパス
　イ．ドロップコンパス……半径0.5～5mm以下の小円用。
　ロ．スプリングコンパス……半径0.5～10mm以下の小円用。
　ハ．中コンパス……半径10～100mm 程度の中円用。
　ニ．大コンパス……半径100～200mm 程度の大円用。組み合わせ(差し継ぎ)コンパス。
　ホ．ビームコンパス……半径200mm 以上の大円用。三角定規や長定規につけて使用。
　ヘ．ディバイダー……線長の測定，比較，移動に使用。
　ト．比例コンパス……直線，円周，面積，体積の測定に使用。

(2) 製図の用具
a) 定規
　イ．丸定規(ガラス棒)……丸いガラス棒の両端にゴム管をはめたもの。丸ペンを使って5mm 程度以下の短い直線を引く。インク法専用。
　ロ．三角定規……直線，平行線用。エッジのついたものがよい。
　ハ．長定規……長い直線用。
　ニ．T定規……図板の上端を移動させて使う。建築，機械製図用。
　ホ．造船定規……変化のゆるやかな曲線用。ship curves というが，sine curve, cosine curve, tangent curve などがあらわされ，地図では経緯線などを引くのに使用。
　ヘ．雲形定規……変化が急で複雑な曲線。irreguler curves 用。
　ト．弧線定規……種々の半径の弧線。半径3～500cm まで100枚が一組になっている。railway curves ともいうが，経緯線などを引くのにも使用。
　チ．自在曲線定規……鉛の針金と薄い鋼板で自由な曲線をつくる。
　リ．ハッチング定規……等間隔の平行線用。

直線烏口　複線引烏口　太線用烏口　点線・破線・鎖線用烏口　単曲線烏口　双曲線烏口

ドロップコンパス　スプリングコンパス　大コンパスとアーム　ディバイダー　比例コンパス

中コンパス

ビームコンパス

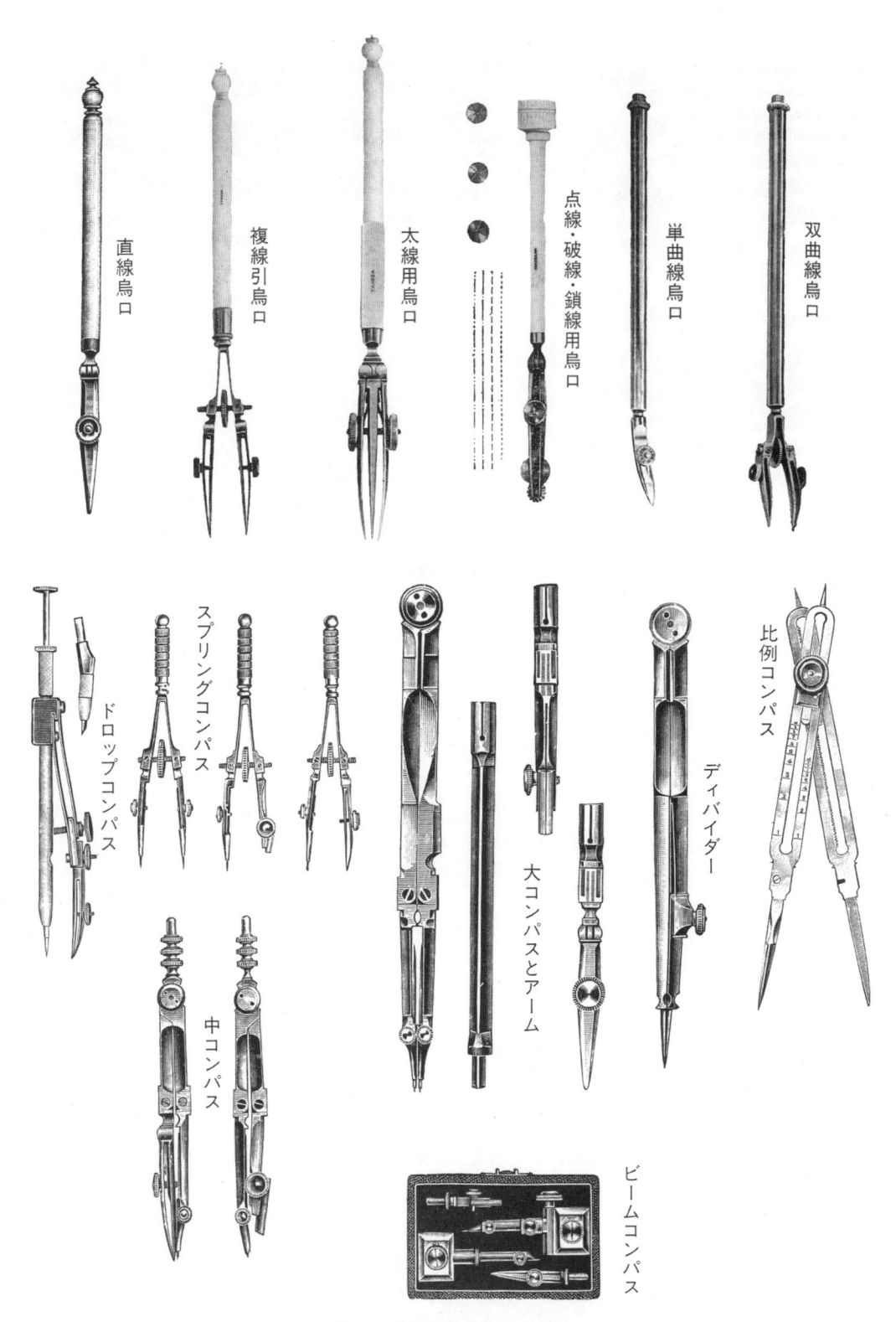

図143　製図の器具（インク法）

造船定規　　　　　　　　　雲形定規

弧線定規

図144　製図の用具(定規)

　　Linex(デンマーク製)，HAFF(ドイツ製)
　　など。
b) **物差し**……プラスチック・竹・鉄製。
c) **分度器**
d) **文鎮**……製図の際の重し。
e) **プレート**
　　イ．字溝割……文字や記号を描く際の枠ど
　　　　り。手製のものでテンプレートと比べる
　　　　と非常に薄い。
　　ロ．テンプレート……文字や記号の枠どり。
　　　　大小の円や楕円・三角・四角などの型があ
　　　　る。パイプペンでよく使う。
　　ハ．ガイドプレート……パイプペンのローマ
　　　　字・数字用のプレート。
f) **ルーペ**
　　イ．拡大鏡……通常ルーペといわれているも
　　　　の。線や器具の点検に使う。
　　ロ．アイゲージ……ルーペに0.1mm単位の
　　　　目盛りがついたもの。線の太さ，針先の太
　　　　さ等を測る。スケールルーペともいう。
g) **補正用具**
　　イ．スクラッチナイフ……墨やインクの表面

　　　　を薄く削る訂正用ナイフ。
　　ロ．修正液……墨やインクを消すために塗る
　　　　白い液。ホワイトともいう。
　　ハ．字消板……鉛筆の線などのある部分だけ
　　　　を消しゴムで消す際に使う。テンプレート
　　　　状のプラスチック板にいろいろな型の枠ど
　　　　りがしてある。
h) **研磨用具**
　　イ．砥石……オイルストン。
　　ロ．オイル。
i) **製図板**……表面に凹凸のないベニヤ板製。
j) **透写机**……下図透写用の机。蛍光灯で下か
　　ら照射する。
k) **鹿皮**……紙やポリエステルベースの表面に
　　ついた油脂分を取り除く。
l) **羽ぼうき**……ゴミ除去用。
m) **海綿・スポンジ**……ガラスやプラスチック
　　の容器に入れ，水を含ませて烏口や丸ペンの
　　墨やインクを拭う。パイプペンのつまりを取
　　り除くのにも有効。

(3) 製図の用材
a) 用紙
　イ．和紙……ポリエステルフィルム＝サンドのものあり。
　ロ．硫酸紙……ポリエステルフィルム＝サンドのものあり。
　ハ．トレーシングペーパー……ポリエステルフィルム＝サンドのものあり。
　ニ．ケント紙……アルミ箔＝サンドのものあり。
b) 製図用インク
c) 製図用の墨……紅花墨(上品)

3　昭和30年代の変革

　昭和30年代に入ると，大きな変革があいついだ。まず，用材の面でポリエステルベースが導入された。それまで使われていたトレーシングペーパー，硫酸紙，ケント紙，和紙は気温，湿度などによる伸縮が激しいため，見当の狂いを生じやすく，特に色ずれを起こす元凶であったが，常温でほとんど伸縮のないポリエステルベースはこの問題を解消した。さらに，破れる心配がなくなったことも大きい。ただし，製版用のフィルムに撮影する方法が変わった。紙の場合は光源の光を反射させて撮影する(カメラと光源は紙に対して同じ側にある)が，ポリエステルベースの原図は光を透過させて撮った(フィルムを真中に光源とカメラは反対側にある)。原図のインクや墨が少しでも淡いと線がきれいに出ないので，製図の現場ではさまざまな対応をした。十分に濃くなるまで墨を摺るのが普通のやり方であるが，墨にはニカワが入っていて，すぐに固まってしまう。色を濃くしたインクが市販され，その品質にあきたらないものは，インクを墨で摺って対応した。

　さらに地図制作の範囲を変えた出来事は，マスク版の制作を容易にしたフィルムの出現である。地図の中には点や線ばかりでなく，面の表現もある。マスク版とは，面に模様や色をつけるために作る透明のすかし版のことである。水部に藍の網版をかけたり，土地利用図で水田に黄色をかぶせたりする仕事は，元来，印刷所の領域であった。地図制作は点と線と文字の領域(主版という)にとどまっていた。主版を焼き合わせたものに，絵具や色鉛筆で色を指定する。指示通りの色を出すための作業職があって，「画工さん」と呼ばれた。当初は亜鉛やアルミなど印刷用の版材に直接焼き込みをしていたが，その後，版材への焼き付け用フィルム(ポジフィルム)を整備するようになった。

　しかし，ポリエステルベースと平行して出現した製版用マスクフィルム(ストリップフィルム)は，地図制作者自身がマスク版をつくり，色指定することを可能にした。ストリップフィルムとは，透明のポリエステルベースにオレンジ色の遮光膜を貼ったもので，ナイフや熱針で切り込みをいれ，遮光膜をはがして，色を出したい部分だけ光が通るようにする。そこにアミ版のスクリーンを張って，アルミの版材に露光すれば，色のアミ版が完成する仕組みである。さらに，遮光膜に感光剤を加えた，感光性製版用マスクフィルムも出現した。主版の線をこのフィルムに焼き付けると，図枠とともに海岸線などがネガ状に写ってくる。線の部分はすでに遮光膜が切れているわけで，このフィルムの出現により，ナイフや熱針を使って切り込みを入れる必要もなくなった。

　もう一つの変革は写真植字の発明である。前述の通り，地図の製図に占める手書き文字の比重は相当大きく，事実上，重荷といってもいい状態であった。製図にかかる時間の約50％は文字を書くのに費やされたといわれている。写真植字は一つの字母から，いろんな大きさの文字，変形文字(長体・平体・斜体)を作ることができ，字間(字送り)の調整も自在であった。初めは印画紙に焼きこまれた文字を1字ずつ，あるいは数文字ずつ切り取って，接着剤で貼って

いたが，よく剥がれることに加え，印画紙を貼った部分が盛り上がって，製版の際に影ができやすいという欠点があった。その後，ストリップフィルムという透明なフィルムに文字を焼き付ける技術ができ，接着剤としてMEK（メチルエチルケトン）やストリップセメントを用いるようになり，剥がれる欠点と影のできやすい欠点はほぼ克服された。ポリエステルベースと写植が地図業界に広まるのに時間は要しなかった。写植の文字は味気ない，などといわれながら普及が早かったのは，地図製図のウィークポイントが手書き文字だったことを物語っている。

そして，100年近くつづいたインク法に代わり，スクライブ法 scribing がとりいれられた。

インク法は丸ペンや烏口，パイプペン（ロットリング，カステルなど）を使って，ポジの原図をつくる。これに対し，スクライブ法はスクライブ針を使ってネガの原図をつくる。スクライブ法は1940年代にアメリカ合衆国で実用化され，日本でも1950年代後半から急速に普及してきた製図法である。国土地理院発行の地図のうち，2,500分の1と5,000分の1国土基本図を除くすべての地図がこの方法によって制作された。ただ，地方自治体がつくっている2,500分の1公共測量図は，大部分がインク法のままであった。

スクライブ法の長所としては，次のような点があげられるであろう。

① 画線がきれいにでること。通常スクライブ原図はできあがり図と同じ大きさ，すなわち原寸大で製図をする。そのためカメラによる撮影をしないで，直接ポジフィルムに焼き付けることができ，画線がくっきりとでるわけである。

② 丸ペンや烏口に比べると，描図のための熟練に要する時間が少なくてすむこと。とはいっても，これは烏口類に比してのことで，やはり一定の練習期間は必要である。

③ 手間がかからないこと。烏口で描くとインクさしの手間やインクの乾燥を待つ時間がいる。その点スクライブ法では，線の汚れなども気にすることなく，次々と彫ることができる。

④ スクライブ針は工場で規格化されて生産されるので，同じ図式，同じ規格の地図をつくる場合に有利であること。公共機関でスクライブ法が用いられるのは，多人数による統一作業が容易であることも大きい。

それではインク法はすたれてしまったかというと，そうではない。前述の通り，2,500分の1公共測量図の中にも，まだインク法によるものもかなりあった。またさまざまな出版物の中の図は，そのほとんどがインク法によっていたとみて差し支えない。インク法の有利な点をあげてみる。

① 準備が簡単なこと。スクライブ法のようにスクライブベースを用意し，ジアゾで下図を焼き付け，透写機で作業する必要はなく，最も簡単な場合は何本かのパイプペンとトレーシングペーパーがあれば，どこでも作業できる。

② 描図の自由性があること。烏口のネジを調節すれば，どのような太さの線も自由に描くことができる。これは多様性のある主題図つくりに最も適した機能であり，出版物の中の地図がほとんどインク法によっているのは，この理由による。これはスクライブ法が規格性に優れていたのと，ちょうど正反対の性質である。

③ 製図の手間が省ける。スクライブ原図はカメラ撮影がいらないと述べた。その半面，注記の文字を別の版で製作しなければならないという不利な点もある。なぜなら，通常，文字をネガの状態で貼り込むということはほとんどないからである。したがってスクライブ法では，最低2枚の原図を焼き合わせる必要がでてくるのに対し，インク法では1枚の原

インク法，スクライブ法，パイプペンの比較

項　目	i	s	p	備　考
必要とする熟練度	●	○	◎	器具の調整の難易も含む
必要とする手間	●	◎	○	インクさし，インク乾燥の時間
画一性	●	◎	○	器具の規格統一のしやすさ
自在性	◎	○	●	自由に決められる線の太さと幅
製版の手間（撮影）	●	◎	●	但しバンダイク法あり[1]
製版の手間（二重焼）	◎	●	◎	文字版と線版の分離
［図式］クサビ形	◎	●	●	スクライブ法の泣き所[2]
河川	◎	●	●	徐々に太くする必要
二条線	◎	◎	●	双曲線烏口と二条線スクライブ針
三条線	○	◎	●	三条線スクライブ針あり
太い一条線	◎	●	○	海岸線のように屈曲の多い太線はスクライブの苦手
細い一条線	●	◎	○	等高線などインク法では単曲線烏口の熟練が必要
同心円	◎	●	○	コンパス使用の可能性[3]
点	○	●	◎	スクライブ法の泣き所[4]

注）i：インク法　s：スクライブ法　p：パイプペン
　　◎優れている　○ふつう　●劣っている
1) バンダイク法とは，インク法により原寸大でポジをつくる方法である。熟練を要するが，この方法を使うとカメラ撮影なしで，直接版材に焼き付けることができる。
2) クサビ形が描けないため，スクライブ法に変わってから，2万5千分の1など基本測量図における土手の記号は変更された。
3) スクライブ法では，市役所などの記号は写真植字を用いて，注記版に貼り込む。
4) スクライブ法では，円点描画器を使ってカバーしている。

図を撮影すればすむという場合が多いのである。

その他の特徴を合わせて，表にすると上記のようになる。

このように，双方の製図法は互いに一長一短をもっていた。したがって民間の地図業界まで含めて考えると，インク法からスクライブ法へ，一斉に替わったわけではなく，両者並存のまま，デジタルマッピング時代を迎えたというのが現状である。

このほか忘れてならないのは，パイプペンの普及である。パイプペンとはインク溜りから中空の細い管と，そこに差し込まれた細い針を通して先端までインクを送る方式のペンで，この考案により，均一な幅や太さの線を楽に描けるようになった。メーカーとしてはロットリングRotringやカステルCastelが有名で，日本で普及しはじめたのは昭和30年代末からである。

それまで丸ペンと烏口による熟練を要求されていた製図は，パイプペンの考案により，一挙に身近なものになった。丸ペンでは線の太さを一定に保って描くのが困難であった時代に，0.1mm，0.2mm，0.4mmなどの線がいつも同じように描くことができるのは，製図の世界にとっては画期的なことであり，パイプペンはまたたく間に広まった。烏口と比べても，インクさしの手間が要らないことが，歓迎された一因になっている。

パイプペンの使用が広がるにつれて，文字や記号の用材として，タイプトーンやインスタントレタリング（通称インレタ）が販売されるようになり，面記号に用いる模様として，多種類のスクリーントーンが売り出された。

次に，ポリエステルベースの登場，写真植字の出現，スクライブ法の発明などで新しくなった器具，用具，用材を掲げる。ただし，用具についてはインク法の時代のものも引きつづき用いられた。さらに当時の下図つくりや模様の入れ方，注記の記入方法なども記しておく。パイプペンとトレーシングペーパーによる製図は今

後も続くであろう。これまでに編み出されたさまざまな方法が役に立つことは間違いない。

(1) スクライブ法の器具

a) 回転スクライバー……二条線・三条線・太い一条線をスクライブする。普通はフリーハンドで曲線を描くが，スクライブ針を固定し定規に沿わせて使用することもできる。つける針は角（ノミ）型。

　イ．円筒型回転スクライバー……拡大鏡がついている。やや重いが（400g）両手を使って操作する。

　ロ．三角型回転スクライバー……拡大鏡はついていないが，軽く（100～150g），片手で操作可能。

b) 固定スクライバー……一条線用のスクライバー。フリーハンドで使用すれば曲線，定規を使えば直線が引ける。つける針は円錐（台）型。

c) 特殊スクライバー

　イ．ペン型スクライバー……細い一条線用。インク法における丸ペンの役割をはたす。

　ロ．円点描画器……点をつくためのスクライバー。

　ハ．黒描家屋描画器……黒描家屋を描くためのスクライバー。

　ニ．加熱針……針の先に熱を加えてスクライブしやすくする。点や河川を描く際，徐々に線を太くするのに使う。

(2) スクライブ・写真植字の用具

a) 定規

　イ．つまみ定規……短い物差しに「つまみ」をつけたもの。スクライバーで短い直線を引くのに使う。

b) 補正用具

　イ．レッドニス……スクライブの補正用ニス。

c) 研磨用具

　イ．砥石……スクライブ針には仕上砥石を使う。

　ロ．透写机……スクライブ用の大型机。

d) 写植文字貼り付け用具

　イ．カッターナイフ……文字の切り抜き。

　ロ．ピンセット……文字のはぎ取り・貼り付

円筒型回転スクライバー 　　三角型回転スクライバー 　　三角型固定スクライバー

ペン型スクライバー　　加熱針とトランス

図145　製図の器具（スクライブ法）

け。

(3) 製図の用材
a) ポリエステルフィルム

イ．ポリエステルベース……トレーシング用のポリエステルフィルム。片面マットと両面マットのものがある。フィルムの厚さにより番号がついている。＃200(0.05mm)，＃300(0.075mm)，＃500(0.125mm)。通称〈マイラー〉であるが，これは商品名。

ロ．スクライブベース……表面に遮光性のある塗料を塗布したスクライブ用のフィルム。

ハ．製版用マスクフィルム……剥離性をもった遮光膜を張ったフィルム。ナイフや熱針で切り抜き，マスク版をつくる。ストリップコート。

ニ．感光性製版用マスクフィルム……表面に感光性樹脂を塗布したフィルム。露光により線を移写し，表面の膜に切り目をいれる。ハの作業を機械化したもの。ネガからつくるものとポジからつくるものがある。

b) 写植文字貼り付け用材

イ．セメダイン……印画紙に焼き付けられた写植文字用。

ロ．MEK……ストリップフィルムに焼き付けられた写植文字用。メチルエチルケトン。一度貼り付けると移動不能なので熟練を要するが，絶対に剥がれない。

ハ．ストリップセメント……MEKと同じ用途であるが，液の上で文字の移動は可能。しかし，はがれることのあるのが難点。

c) 保護液……仕上げの後，インクが流れたりフィルムの表面が汚れたりするのを防ぐコーティング液。

(4) 下図つくり

製図の良し悪しは下図できまる。完全な下図を描いて，製図の際の修正をなくすことが大切である。地図は修正すればするほど汚くなる。

下図をつくるには，まず適当なベースマップを選び，色インクや色鉛筆でテーマにかかわるデータを記入した後，トレーシングペーパーもしくはうすいポリエステルベースをのせて，基図のうち必要な要素を抜き出し，テーマの記号とともに写す。その際も色インクや色鉛筆を使って，さまざまな記号類を区別しておけば便利である。凡例や縮尺の位置，必要があるなら方位記号を入れる場所も同時に決める。この作業は編集を含んでおり，下図の良し悪しが製図の生命であることがよくわかるであろう。下図の大きさは，インク法では出来上がり図の1.5～2倍，スクライブ法では原則として原寸大である。色による区別の例をあげておく。

(例) 水系……青
　　　鉄道……赤・黒
　　　道路……赤・茶・褐色
　　　市街地・集落……赤・橙・黄
　　　等高線……茶・緑
　　　境界……茶・緑

(5) トレースの順序

製図する際には，いったん描いたものを消して描き直すことのないようにするのが原則である。したがってトレースは，①図枠，②テーマ，③基図の順序になる。ただ③基図の描き方はさらに細かく分かれるので，それも併せて記すと，次のようになる。

①図枠(凡例枠・縮尺枠)，②テーマの記号，③手書きの注記，④鉄道，⑤道路，⑥水系，⑦市街地・集落，⑧境界・等高線・経緯線，⑨写真植字の注記，⑩アミ版。

a) アミ版つくり

いろいろな例でみてきたように，アミは使い方によって，豊かな表現のできる技法である。アミ版は点や線，注記文字の入った版(これを主版という)とは別個につくる。これをマスク版という。もっとも，常にアミ版マスクをつく

る必要があるわけではない。簡単なアミの場合は，主版の中でアミを使いたいところに，青鉛筆でうすく色をぬれば，その部分にアミふせを指示したことになり，印刷所でアミ版をつくってくれる。

しかし，複雑な表現をアミでしたい場合，区画線なしのアミ表現をしたい場合は，どうしても別版をつくらなければならない。

アミ版マスクをつくるには製版用マスクフィルム（ストリップコート）を使う。これは透明なフィルムのうえに遮光性のある赤もしくはオレンジ色の膜を貼ったもので，ナイフまたは熱針を用いて切り込みをいれ，不必要な部分をはがすのである。インク法で，出来上がり図より大きく描いている場合は，アミをふせたいところに膜を残す。原寸大の場合は，逆にアミをふせたい部分の膜をはぎとって透明にする。

ストリップコートを用いなくても，アミ版の作成はできる。ポリエステルフィルム，もしくはくるいの少ないフィルムサンドのトレーシングペーパーを使って，アミをふせたいところを黒くぬる（縮小する場合）か，逆にまわりを黒く塗って白抜きの部分をつくる（原寸大の場合）かである。

アミ版をつくるときは，それが主版とずれては意味がない。2枚（もしくはそれ以上）の版は，ぴったり合わなければならない。そのためには「トンボ」といわれる，見当合わせのマークを図枠の外につける。「トンボ」は手書きでよいが，市販のトンボシールを貼ってもよい。「トンボ」の代わりに，図枠の四隅に見当合わせのマークをつけることもある。本式の製図ではピンを用いて見当合わせをするが，通常は「トンボ」で十分である。アミ版マスクにはアミの濃度（%）を指定することが必要である。

(6)「模様」のいれかた

「模様」を図中にいれるには，手描きと市販されているパターン（スクリーントーン）を切り取って貼る方法とがある。

市販のパターンを使う場合は，まずパターンの印刷された紙を台紙からはがし，用いるアミの範囲より少し大きめに切り取って，その部分にあてて軽く押さえる。「模様」をいれたい面記号の境界線に沿って，ナイフで切り目をいれ，まわりをとってしまう。注意しなければならないのは，その際に下になっているもとの図も一緒に切ってしまわないことである。これを避けるには，透写機の上で台紙つきのままパターンを切り取って，あとで台紙からパターンをはがして貼ることである。ただし，この方法はいずれにしてもナイフしか使えないので，あまり細かい屈曲のある面記号には適さない。

その点，手間はかかるが，手描きはいろいろと融通がきく。線の太さ・間隔など自由に決められる点が強味である。

最も簡単な方法としては，三角定規2枚と方眼紙を用意し，1mm，2mmといった目盛りごとに線や点を描いていくやり方がある。線や点が平行になるよう，三角定規は2枚必要である。片方を文鎮などで固定し，もう一方をずらせながら使うわけである。この方法の難点は1.5mm，2.5mmといった間隔の線などが引き

図146　市販のパターン例（スクリーントーン）

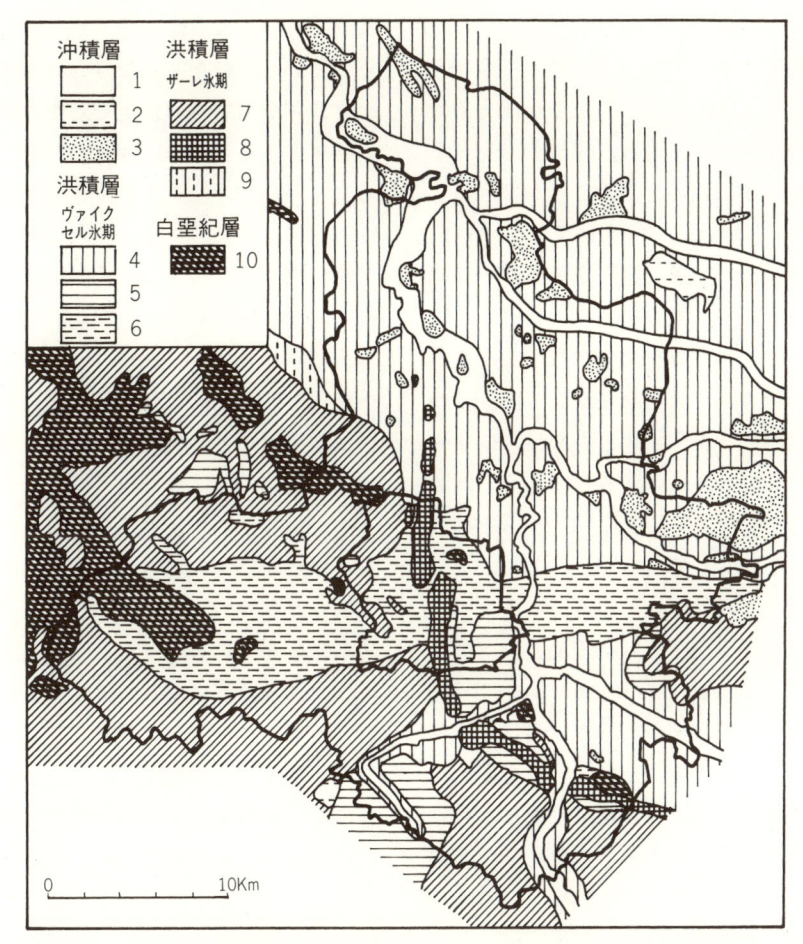

図147　1960年代末作成の手描き地図〔ドイツ，ミュンスター郡の表層地質〕
(ミュンスター郡誌の原図により浮田典良作図)

凡例：
沖積層
1　谷底氾濫原，2　泥炭地，3　砂土
洪積層　ヴァイクセル氷期
4　河川堆積による砂，5　被覆砂，6　砂質のレス
洪積層　ザーレ氷期
7　氷積土，8　砂礫，9　砂
白堊紀層
10　白堊紀の石灰岩・泥灰岩

表層地質の違いにより開拓の時期，耕地形態，集落形態に差がある。開拓が古いのは3，4，5，6，8の砂質土壌の地帯であり，先史遺跡は主としてこれらの地帯にみられる。ミュンスターを中心とするヴェストファーレン低地の「孤立荘宅」は主として，中世に開拓された7，10の粘土質土壌の地帯にみられる。

にくいところにある。これを解消するためには，あらかじめ方眼紙を縮小あるいは拡大コピーして，いろいろな間隔の方眼を揃えておくとよい。

平行線を引くための専用の定規もある。ドイツ製の「HAFF」，デンマーク製の「Linex」がそうである。

図147は，著者のひとりである浮田が1960年代の末に作成した手描きの地図である。トレーシングペーパーを用い，太い線はパイプペン（ロットリング）で描き，細い線は丸ペンと烏口で描いてある。等間隔の平行線を引くための専用定規は用いておらず，方眼紙の上にトレーシングペーパーを載せて引いている。凡例の文字だけは手書きではなく写植文字を用いている。

(7) 注記の記入（レタリング lettering）

注記文字をいれるには，①手書き，②インスタントレタリング，③写真植字による方法があ

る。

　手書きの場合，テンプレートを使って字割りをする。これは文字の大きさと並びを揃えるためである。パイプペンの場合，ガイドプレートを用いてローマ字，数字を書くことができる。

　インスタントレタリング（通称インレタ）は，フィルムの裏についた黒い塗料を，上から強くこすることによって，紙やフィルムに移写するものである。はじめはローマ字・数字しかなかったが，その後カタカナ・ひらがな・漢字もつくられた。ただ，一文字ずつ写さなければならないので，手間のかかるのが難点である。同じようなやり方で，うすい透明なフィルムを貼り付けるタイプトーンもあったが，ほとんどインレタに取って代わられた。

　写真植字は地図の注記をいれる場合に，最も広く使われている方法である。これは「字母」といわれるネガの基本字があって，これをレンズ操作によって，字大を変えたり字形を変えたりして，印画紙またはフィルムに投影し，それを現像した上で使うものである。現在，わが国には「写研」と「モリサワ」という二つのメーカーがあるが，それぞれによって「字母」が違う。

　印画紙の場合，字の写っている光沢面をうすくはがして接着剤で貼る。ストリップフィルムの場合，膜面をはがしてピンセットでおさえながらMEK（メチルエチルケトン）かストリップセメントで貼る。MEKはいったん貼れば半永久的にはがれないが，曲がって貼りつけてしまったような場合，直すことが非常に難しく，一方ストリップセメントは字の向きなどを修正しながら貼れるという利点はあるものの，時間がたつにつれて，はがれやすくなるという欠点がある。

　写真植字を依頼する場合は，書体・字大・字形（変形）・字隔（送り）・タテ打ちヨコ打ちの指定を行なわなければならない。例えば，「京都市役所」という文字を注文するには，「中ゴシック・15級・平体1番・送り16級・ヨコ打ち」という風に指定しなければならない。このとき，字形・字隔の指定をしなければ，自動的に正体・正体送り（その級数の送り）で打ってくる。

　デジタルマッピング以前の総括をすると，銅板彫刻から写真製版への変化，手書き文字から写真植字への変化，紙からポリエステルベースへの用材の変化，スクライブ法という新しい製図法の出現などが大きな転換点に見えた。ただ，地図の製図はやはり専門家による職人仕事という面が強く，職人仕事であるがゆえに，地図表現という観点から眺めても，一部で図式の更新はあったものの，全体としては，明治以来の表現形態を守り通してきたといえる。

　また，専門家以外の人にとっても，パイプペンやインスタントレタリング，スクリーントーンの普及により，地図を描くことが飛躍的に容易になり，さまざまな工夫が見られるようになったことは特筆されてよい。その伝統をデジタルマッピングの中でどのように生かすかが，今後の課題となろう。

4　デジタルマッピングと過去の遺産

　わが国でのデジタルマッピングの試みは1970年代後半からあったが，大型スーパーコンピューターに限られていた。それをもってしても，JR線の旗竿記号をコンピューターで描くのは至難の業であると見られていた時代である。1995年のWindows95登場とともに，パソコンでの製図も期待されたが，当時の性能では画像を扱ったり，図を描いたりするには無理があった。急速に普及しはじめたのは，CPUの高速化，ハードディスクやメモリの大容量化が進んだ1997年ごろからである。いずれデジタル化は必至であるとの観点から，地図業界が真先に対応したのは，手描きの地図をベクトル化

する作業であった。そのために，スキャンしたビットマップ（BMP）画像をベクトルの線（DXF・EPSファイル）に変換するソフトが求められた。高価な外国産のGISソフトだけでなく，国産のソフトも開発され販売された。

ここで注意しなければならないのは，いくら変換ソフトがあるからといって，文字通り機械的に変換が完了するわけでないという事実である。変換は常に不十分であって，デジタイザーやマウスによる手作業で補正をしなければならない。誤解を恐れずにいえば，地図制作の現場では，デジタイザーやマウスによる手描きで最初から地図を作るよりは，変換ソフトの方が多少は効率的であるという程度の認識であった。GISの基本となるベクトル地図は，大勢の人がデジタイザーやマウスを手に整備してきた。デジタルマッピングの時代を迎えたとはいえ，地図制作は基本的なところで変わっていない。丸ペン・烏口がパイプペンに変わり，スクライバーに変わったように，製図用具がパソコンやマウスに変わったに過ぎない面もある。地図業界の人々が，自らの仕事をやや自嘲をこめながら「力仕事」「人海戦術」などと評するのには，このような背景がある。しかし，この事実は重要なことを示唆している。地図制作の基本はやはり人の手によるものなのであって，決して機械がすべてをお膳立てしてくれるわけではない。

とはいえ，ワープロや表計算ソフトを使ったことのある人が容易に想像できるように，一旦こうして整備されたデジタル地図は，従来の地図に比べ，格段に使い勝手がすぐれていた。①一度作られたものは繰り返し使用できること②修正の手間がかからないこと ③平面のデータだけでなく，標高や深度のデータを援用した立体画像（3D）が容易につくれること ④ロールオーバー効果やアニメーション技術を使えば，地図で最も苦手とされる変化を一連の地図の中で表現できること，などである。

また，RGBであれ，CMYKであれ，地図の色彩はすべての人にとって，身近なものになった。カーナビやインターネットに代表されるように，媒体も紙以外に広まった。地図表現の幅は，それにともなって広がっていくであろうと考えるのが自然である。

地形を表現する等高線は地図上の大発明であった。降水量や気温をあらわす等値線がすたれるとは思えないが，等高線は衰退の道をたどるかもしれない。地図になじみのない大部分の人にとって，等高線から地形を読むのはかなりの難事に属し，それよりは国土地理院の数値地図のように，3Dで見られる地図の方を好むのが，自然な成り行きとして予想できるからである。平面で見るなら，等高線を抜いた段彩の方が好まれるかもしれない。

ネットで開放された地図は，同時に一般市民によって加筆修正のきっかけを与えられるだろう。現在，各国で別々に定められている地図記号は，おそらく緩やかな統一への道を歩むのではないか。少なくとも，そのことを意識した記号つくりが課題になるだろうと思う。どこの国の地図を見ても，警察署や消防署は即座に認識できるようにすべきであろうから。我が国の伝統的な消防署の記号である「刺又（さすまた）」は，いずれの日か，ハシゴ車をデザイン化したものに変わるかもしれない。

もうひとつ，見逃せないのは動画の普及である。地図に表現すること自体が，地理の学習や研究調査の重要なプロセスであると述べた（3頁）。ハードディスクがテラバイトの段階に入れば，地図の動画化も始まると思われる。そこで予想されるのは，地理学研究の中でも，動態変化がより重要な課題として登場することである。歴史地理学でも，「時の断面」を復原するのにとどまらず，「断面」を結ぶ経過が問題とされるに違いない。

ただ，新しくなることのみを強調するのはバランスを欠くことになろう。先人たちが苦心して作り上げてきた表現法にはそれぞれの存在理

(新) ┝┼┼┼┼┼┼┼┼┼┼┼┼┼┼┼┼┼┥
　　　　　　　　　（線の色は茶）
(旧) ⊥⊥⊥⊥⊥⊥⊥⊥⊥⊥⊥⊥⊥⊥⊥⊥⊥⊥⊥⊥⊥⊥

図148　堤防の新旧記号

由がある。製図器具・用具の制約から，一旦消え去った地図記号が，デジタルの技術によって復活できるケースもある。

その一例が，スクライブ法の採用によって変更された堤防の記号である。当初，インク法のもとでは，丸ペンをはねる形で作られた記号が，長い間親しまれてきた。スクライブ法ではこの記号，すなわちケバを描くことができない。そこでやむを得ず，堤防の記号は**図148**のように変更されたのである。ただ，堤防のイメージ伝達力は旧来の記号の方が優れていると見る人も多い。そこで旧記号の復元を試み，京都の御土居（豊臣秀吉が京都を取り囲むように築いた総延長約22キロメートルの土塁）を表したのが**図149**である。（比較のため，**図150**では，現在の堤防記号に従って御土居を描いてみた。）

復活した堤防記号は，二列に並んだケバをひとまとめにした線記号である。反復作業に秀でたデジタルマッピングとはいえ，ケバを一つずつ描く方法ではおそらく手間がかかりすぎるであろう。連続した二列のケバを一種の線記号とみなすことで，効率よく描けるようになったのである。当初，ケバを楔形で製図してみたが，

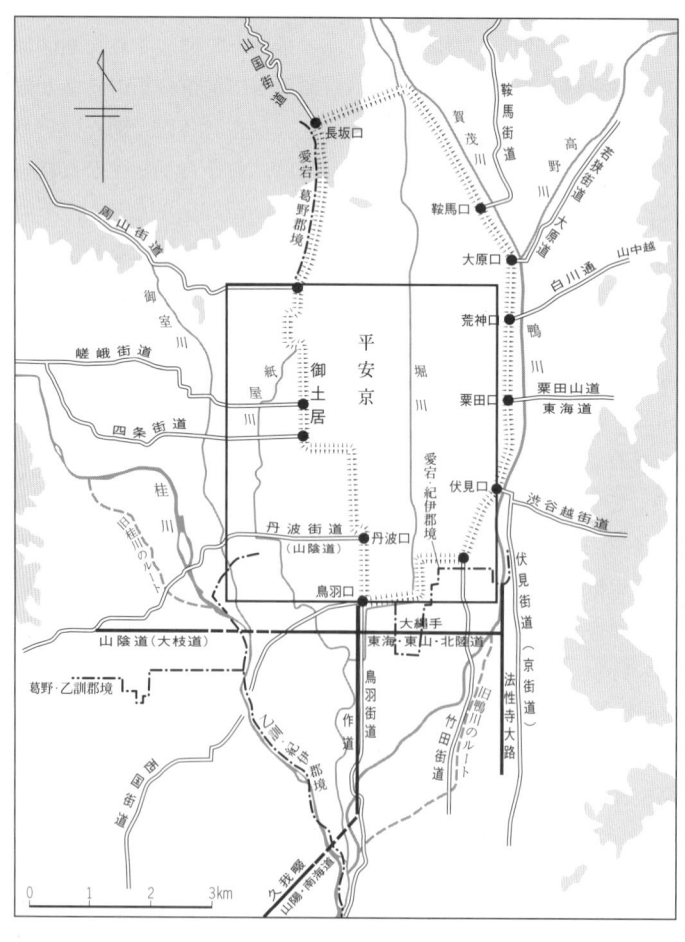

図149　旧堤防記号の復活〔京の御土居と平安京の位置関係〕
（金田章裕の原図により作図）

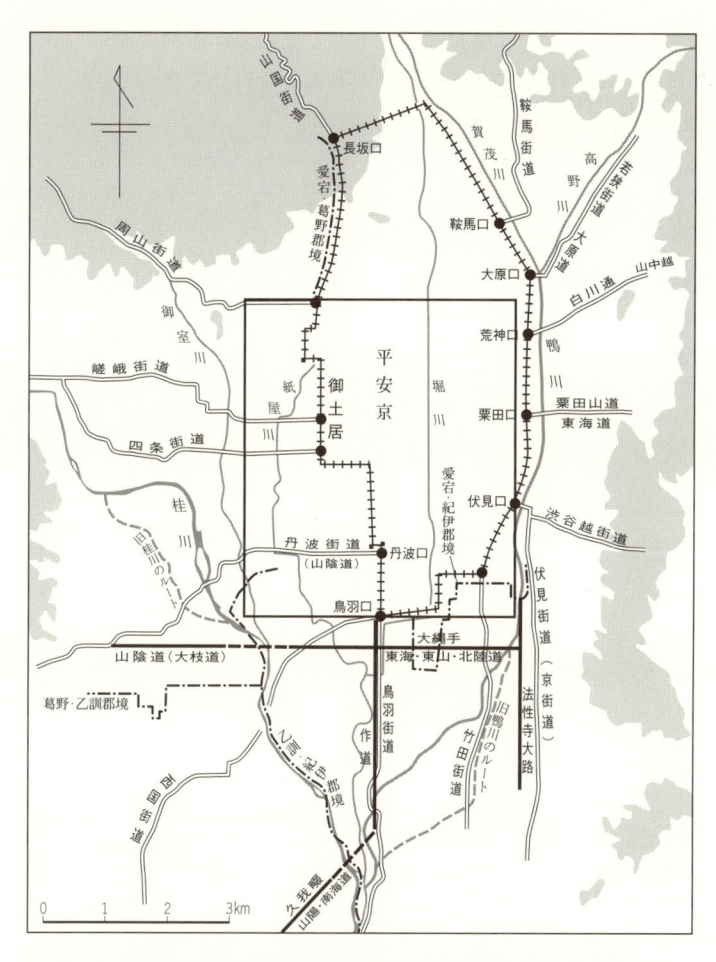

図150　図149の御土居を現在の堤防記号に変えた地図

明治以来の伝統的な記号とは違和感があり，なにか無機質な印象であった。原因を探す過程で，二等辺三角形の楔形とみえたものが，（当然のことながら）実は丸ペンをはねる二つの形であることも分かった。細く見える方は丸ペンを押しつけてすぐに手前へはねたもの，太く見える方は，しばらく力を入れたまま手前へ引いてからはねたものである（図151参照）。丸ペンの形をなぞったものは，手作りの味がする。

「模様」の提供と同じように，森図房のホームページ（http://www.k2.dion.ne.jp/~map-mori）から，ケバのほか，府県界，国界，崖，石積みをブラシツールとしてダウンロードできる。実線を描いて，ダウンロードした記号を，スポイトツールでクリックすれば，簡単に線を変換することができる。

とかく画一的で無機質，というイメージのつきまといがちなデジタルマッピングにも，人間らしい味を加えることは可能である。地図制作の歴史の中で，デジタルマッピングへの移行は確かに大きな変革であるが，それにもかかわら

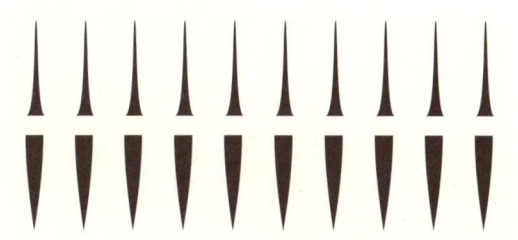

図151　旧堤防記号の拡大図

ず，インク法，スクライブ法と続いてきた伝統と切れているわけではない。手描きの基本は変わらず，ただ製図器具・用具・用材が変わり，その使い方が変わったに過ぎないと考えることも大事な視点であろう。

参考文献

Arnberger, E. : *Handbuch der thematischen Kartographie*, Franz Deuticke, Wien 1996, 554 S.

Arnberger, E. : *Thematische Kartographie*, 3. Auflage, Das Geographische Seminar, Westermann, Braunschweig 1993, 245 S.

Bartes, R. : *Le degre zero de l'écriture*, Le Seuil, Paris 1953, 125 pp.（渡辺淳訳『零度のエクリチュール』みすず書房, 1971, 84 頁）

Bartes, R. : *Éléments de Sémiologie*, Communications No. 4, 1964, 39 pp.（沢村昂一訳『記号学の原理』みすず書房, 1971, 123 頁）

Bertin, J. : *La graphique et le traitment graphique de l'information*, Flammarion, Paris 1977（森田喬訳『図の記号学——視覚言語による情報の処理と伝達——』地図情報センター発行, 平凡社発売, 1982, 277 頁）

Dickinson, G.C. : *Statisitical Mapping and the Representation of Statistics*, Edward Arnold, London, 1969, 160 pp.

Fages, J.B. : *Comprendre le structuralisme*, Édouard Privat, Toulouse 1968, 127 pp.（加藤晴久訳『構造主義入門』大修館書店, 1972, 205 頁）

Hake, G. : *Kartographie II, Thematische Karten, Atlanten, Kartenverwandte Darstellungen, Kartentechnik, Automation, Kartenauswertung, Kartengeschichte*, Sammlung Göschen 2166, Walter de Gruyter, Berlin 1976, 307 S.

Imhof, G. : *Thematische Kartographie*, Walter de Gruyter, Berlin 1972, 360 S.

Monkhouse, F.J. and Wilkinson, H.R. : *Maps and Diagrams*, 3rd edition, Methuen, London 1971, 522 pp.

Raisz, E. : *Principles of Cartography*, McGraw-Hill, New York 1962, 315 pp.

Robinson, A.H. : *Elements of Cartography*, John Wiley & Sons, New York 1953, 343 pp.

Robinson, A.H., Randall, D.S. and Morrison, J.L. : *Elements of Cartography*, 4th edition, John Wiley & Sons, New York 1978, 448 pp.（永井信夫訳『地図学の基礎』地図情報センター発行, 帝国書院発売, 1984, 413 頁）

安仁屋政武『主題図作成の基礎』地人書房, 1987, 100 頁

池上嘉彦『記号論への招待』岩波書店, 1984, 246 頁

石崎研二「よりよい主題図を作成するために」『地理』44-12, 1999, 36 – 46 頁

浮田典良・池田碩・戸所隆・野間晴雄・藤井正『ジオ・パル21』海青社, 2001, 207 頁

大井義雄・川崎秀昭『色彩』日本色研事業, 2002, 83 頁

小川泉『地図表現および製図』山海堂, 1966, 335 頁

菅野峰明・安仁屋政武・高阪宏行『地理的情報の分析手法』古今書院, 1987, 248 頁

佐藤甚次郎『統計図表と分布図』古今書院, 1971, 256 頁

視覚デザイン研究所編『配色初級LESSON』視覚デザイン研究所, 1988, 110 頁

高崎正義編『地図学』（総観地理学講座3）朝倉書店, 1988, 266頁
谷岡武雄監修『図解地理実習』大明堂, 1972, 143頁
南堂久史『記号論ハンドブック』勁草書房, 1984, 107頁
西田虎一『色彩心理学』造形社, 1981, 157頁
仁平尊明「描画ソフトを用いた土地利用図の作成と分析」『GIS－理論と応用』9-2, 2001, 53－60頁
日本国際地図学会編『地図学用語辞典』技報堂出版, 1985, 459頁
藤岡謙二郎編『地域調査ハンドブック――地理研究の基礎作業――』ナカニシヤ出版, 1971, 144頁
藤田和夫・池田穰・杉村新・小島丈児『地質図の書き方と読み方』古今書院, 1955, 224頁
三浦つとむ『言語と記号学』勁草書房, 1977, 336頁
矢野桂司『地理情報システムの世界――GISで何ができるか――』ニュートンプレス, 1999, 250頁
GEO「図解パソコン主題図のできるまで」『地理』44-12, 1999, 28－35頁

■著者略歴

浮田典良（うきた・つねよし）
1928年　東京都生まれ。
1952年　京都大学文学部卒業。専攻／人文地理学。
　　　　文学博士。京都大学名誉教授。
2005年　逝去。
著　書　『北西ドイツ農村の歴史地理学的研究』（大明堂，1970年），『地理学入門』（大明堂，1995年），『スイスの風景』（ナカニシヤ出版，1999年），『地図表現半世紀』（ナカニシヤ出版，2005年），『地図表現入門』〔共著〕（大明堂，1988年），他。

森　三紀（もり・みつとし）
1940年　京都市生まれ。
1963年　京都大学文学部卒業。
現　在　地図編集制作（森図房代表）。立命館大学非常勤講師。
著　書　『地図表現入門』〔共著〕（大明堂，1988年）。
森図房ホームページ　http://www.k2.dion.ne.jp/~map-mori/

地図表現ガイドブック
　──主題図作成の原理と応用──

2004年7月15日　初版第1刷発行　（定価はカバーに表示してあります）
2013年4月1日　初版第4刷発行

著　者　　浮　田　典　良
　　　　　森　　三　紀
発行者　　中　西　健　夫
発行所　　株式会社　ナカニシヤ出版
〒606-8161　京都市左京区一乗寺木ノ本町15番地
TEL (075)723-0111
FAX (075)723-0095
http://www.nakanishiya.co.jp/

© Tsuneyoshi UKITA and Mitsutoshi MORI 2004
印刷・製本／ファインワークス
＊落丁本・乱丁本はお取り替え致します。
Printed in Japan
ISBN4-88848-847-9　C0025